Mathematics in Paper Folding (Origami)

학교수학 종이접기 1권

종이를 펴니 수학이 보였다

저자 이대영

gb 지오북스

**학교수학종이접기 1권
종이를 펴니 수학이 보였다**

초판인쇄 2022년 10월 1일
초판발행 2022년 10월 1일

저　자　이대영
펴낸곳　지오북스
물　류　경기도 파주시 상골길 339 (맥금동 557-24) 고려출판물류 內 지오북스
등　록　2016년 3월 7일 제395-2016-000014호
전　화　02)381-0706 | 팩스 02)371-0706
이메일　emotion-books@naver.com
홈페이지　www.geobooks.co.kr
정　가　15,000원
ISBN　979-11-91346-47-3

이 책은 저작권법으로 보호받는 저작물입니다.
이 책의 내용을 전부 또는 일부를 무단으로 전재하거나 복제할 수 없습니다.
파본이나 잘못된 책은 바꿔드립니다.

머리말

혹시 "어린이 친구들, 이거 보세요. 정말 재미있는 모양이 됐죠?"하는 이야기에 친근감을 가지고 계시진 않나요? 예전 KBS에서 진행하던 TV유치원 하나둘셋에선 여러 가지 코너를 요일별로 운영했는데, 그중 하나가 바로 김영만 선생님의 종이접기 코너였습니다. 종이를 툭툭, 하지만 정성스럽게 접는 과정을 따라 하다 보면 신기하게도 여러 가지 동물 모양이 나타나곤 했습니다. 저에게 종이접기는 그렇게 시작되었습니다. 저뿐만 아니라 여러분들에게도 종이접기는 누군가의 손을 빌려, 즐겁고 신기한 대상으로 다가오지 않았을까 싶습니다.

이런 종이접기가 수학 교사로서의 삶을 살고 있던 저에게 새롭게 다가왔습니다. 로버트 랭, 토머스 헐, 로베르트 게레트슈레거, 하가 카즈오, 와타베 마사루.. 종이접기 안에 수학이 있고 그 수학이 유클리드의 수학만큼이나 아름답고도 멋있음을 알고 길을 닦아간 사람들입니다. 정사각형 색종이 혹은 A4용지를 접는 과정에서 나타나는 접은 선, 그 속에 숨어 있는 수학적 이야기를 탐구해나가고 그 논리를 설명하는 이야기들은 재미있으면서도 신비로운 세상으로 다가왔습니다.

종이접기의 예술가들은 종이를 접어 용을 만들고 잉어를 비늘 하나하나 접어서 완성해냅니다. 그와 동시에 한편에서는 종이를 접어 정삼각형, 정육각형을 만드는 것을 넘어 정오각형, 정칠각형을 접어냅니다. $90°$를 가지고 있는 정사각형에서 $60°$, $120°$를 만드는 것은 공약수 $30°$를 가지고 있는 각도이기에 가능할 수도 있겠다 하지만, $108°$나 $\frac{900}{7}°$ 같은 각도는 도대체 어떻게 만들어낼까요? 그리고 정말로 만들어 내긴 한 것일까요? 중학교 교과서엔, 책에 따라 $\frac{1}{3}$ 길이 접기도 소개되는데, 그럼 $\frac{1}{5}$ 길이 접기는 가능할까요? 또 무리수를 분모로 가지는 길이를 종이접기로 만드는 것은요?

이런 궁금증을 책을 읽는 여러분에게도 선물하고 싶습니다. 조금씩 천천히 떠나보세요, 종이접기로 수학을 할 수 있습니다. 그리고 종이를 접을 때마다 우리는 실은 수학을 한답니다.

2022년 이대영

차례

머리말   i

Ⅰ. 종이접기의 공리   1

    1. 종이접기에서 사용하는 용어   2
    2. 기하학의 발전과 유클리드의 공리   6
    3. 종이접기 기하의 발전과 종이접기의 공리   9
    4. 종이접기의 공리의 수학적 의미 1   14
    5. 종이접기의 공리의 수학적 의미 2 - 종이접기 속 포물선   19

Ⅱ. 학교 수학과 종이접기   27

    1. 종이접기 속 학교수학   29
    2. 컴퍼스 접기   32
    3. 정삼각형 접기   34
    4. 교과서 속 종이접기 활동   36
    5. 종이접기를 담은 문제들   56

Ⅲ. 재미난 종이접기 활동   71

1 중심이 보이는 정삼각형 접기　　　　　　　　　73
2. 직각삼각형 접기　　　　　　　　　　　　　　75
3. 정오각형과 정육각형를 멋지게 접기　　　　　82
4. 색종이와 A4용지　　　　　　　　　　　　　　86
5. 한 번에 잘라라　　　　　　　　　　　　　　　96

참고문헌   109

Ⅰ. 종이접기의 공리　　　　　　　　　　　　　110
Ⅱ. 학교 수학과 종이접기　　　　　　　　　　　110
Ⅲ. 재미난 종이접기 활동　　　　　　　　　　　111

I. 종이접기의 공리

1. 종이접기에서 사용하는 용어

우선 종이접기에서 사용할 용어에 대해 이야기하고 넘어가고자 합니다. 길고 긴 종이접기의 역사 속에서 사람들에게 종이접기의 방법을 설명하기 위해 접는 법이 만들어졌습니다. 종이를 접는다는 행위는 3차원 공간에서 이루어지는 행위이지만, 이것을 다른 사람들에게 전달하기 위해 인간은 접는 대상인 종이에 그것을 기록하는 것을 선택했습니다. 당연하게도 접는 방법을 그림으로 나타낼 수 밖에 없었습니다.

여기서 우선 선택의 문제가 생깁니다. 3차원 공간을 x, y, z의 3개의 축에 의해 이루어진 공간으로 생각하고, 접고자 하는 종이가 xy평면 위에 있다고 생각해봅니다. 그러면 접는다는 행동을 하는 순간 종이는 z축의 + 방향 혹은 − 방향으로 움직여야 합니다. 따라서 종이를 접는 것을 표현하는 그림에서는 이 점을 바로 나타낼 수 있어야 합니다.

또, 종이를 접어가면서 종이들은 겹치게 됩니다. 상황에 따라서는 직선이 직선 위에 혹은 점이 점 위에, 점이 직선 위에 있을 수 있습니다. 서로의 종이 층이 다른 대상들이 겹치는 상황을 기호를 표현하고자 합니다. 종이를 접는 과정에서 한 점을 고정하고 접는 상황도 있습니다. 혹은 종이접기에서는 어느 한 점을 지나면서 다른 선에 수직이 되도록 접거나, 두 개의 점을 선분에 옮겨지도록 접는 상황도 존재합니다. 종이접기 기술로서는 매우 쉬운 것이지만, 종이접기로 수학 활동을 하기 위해서 매우 중요합니다.

그래서 이 책에서는 종이접기에서 사용하는 여러 가지 기법들을 아래와 같이 표현하고자 합니다. 여기에서 다룬 기법들은 종이접기의 공리를 다룬 뒤 다시 그 의미들을 다뤄보겠습니다.

가. 꼭짓점의 표기 : 알파벳을 사용하여 표기

꼭짓점들은 문자를 이용해서 $A, B, C, \ldots$ 와 같은 문자를 사용합니다.

나. 접은 선의 표기

① 산 접기   ‒ ‒ ‒ ‒ ‒ ‒ ‒

종이를 접을 때 ∨와 같은 모양이 되도록 접는 것을 산 접기라고 합니다.

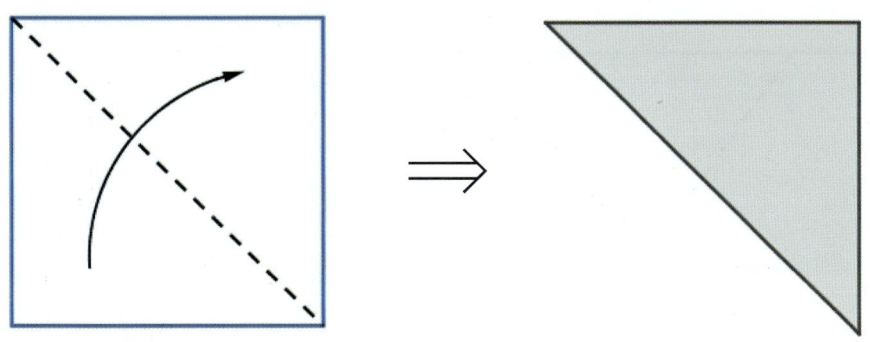

② 골짜기 접기 —・—・—・—

종이를 접을 때 ∧와 같은 모양이 되도록 접는 것을 골짜기 접기라고 합니다.

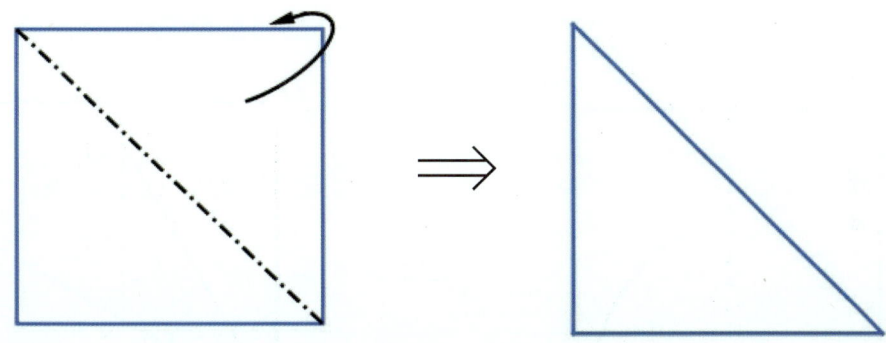

다. 점과 점을 겹치도록 접기 : $A \to B$

접은 결과로 그림에서 점 A가 점 B 바로 위에 있는 것을 나타냅니다.

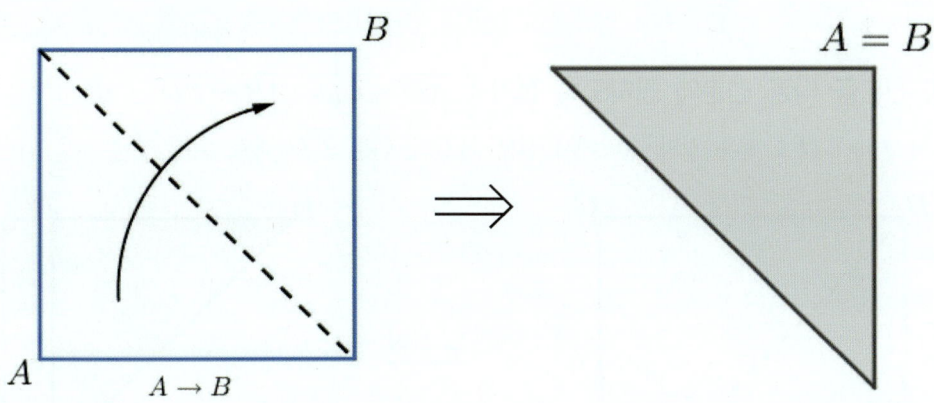

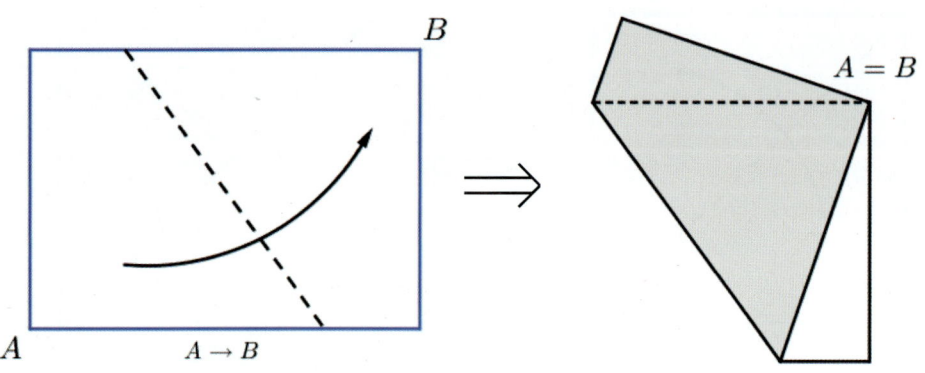

라. 점 B을 선분 $\overline{EF}$ 위로 옮기도록 접기 : $B \to \overline{EF}$

접은 결과로 그림에서 점 B가 선분 $\overline{EF}$ 바로 위에 있는 것을 나타냅니다.

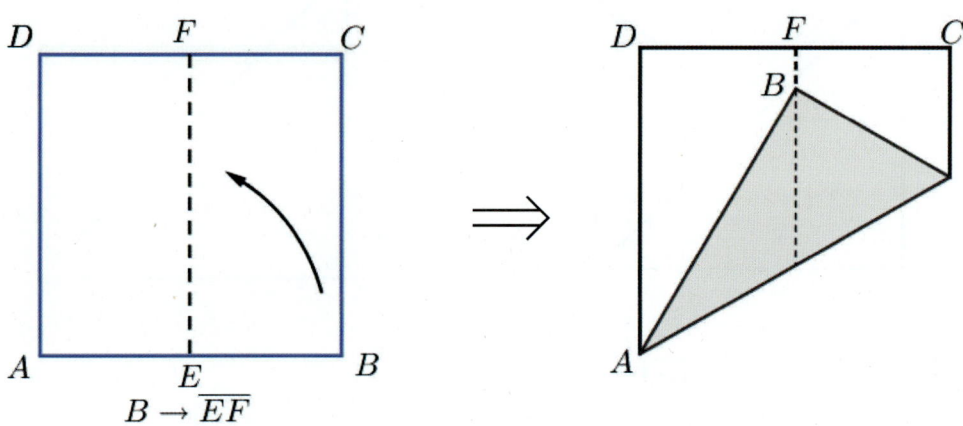

마. 선분을 다른 선분에 겹치도록 접기 : $\overline{AD} \to \overline{CD}$, $\overline{AB} \to \overline{CD}$

$\overline{AD} \to \overline{CD}$: 접은 결과 그림에서 선분 $\overline{AD}$가 선분 $\overline{CD}$ 바로 위에 있는 것을 나타냅니다.

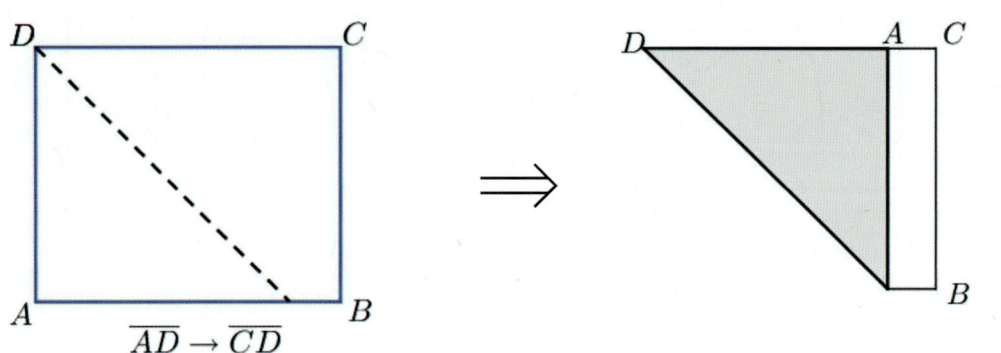

$\overline{AB} \to \overline{CD}$: 접은 결과 그림에서 선분 $\overline{AB}$가 선분 $\overline{CD}$ 바로 위에 있는 것을 나타냅니다.

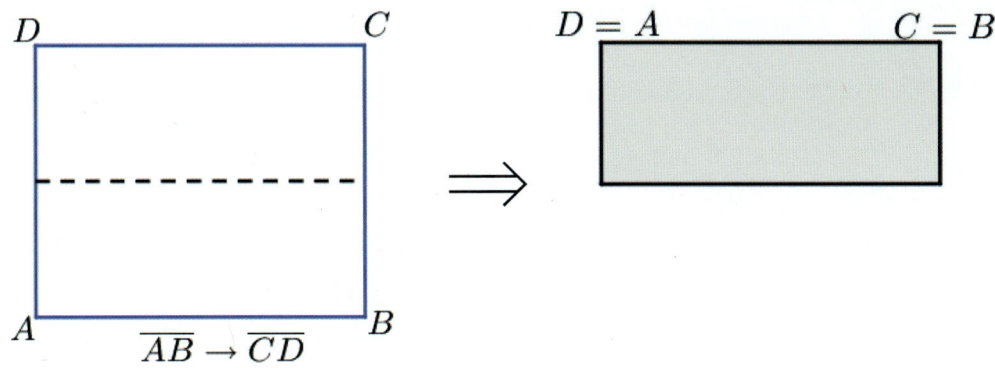

바. 컴퍼스 접기 : ⓟ$B \to \overline{EF}$

점 P를 고정하고 접은 결과 점 B가 선분 $\overline{EF}$ 바로 위에 있는 것을 나타냅니다.

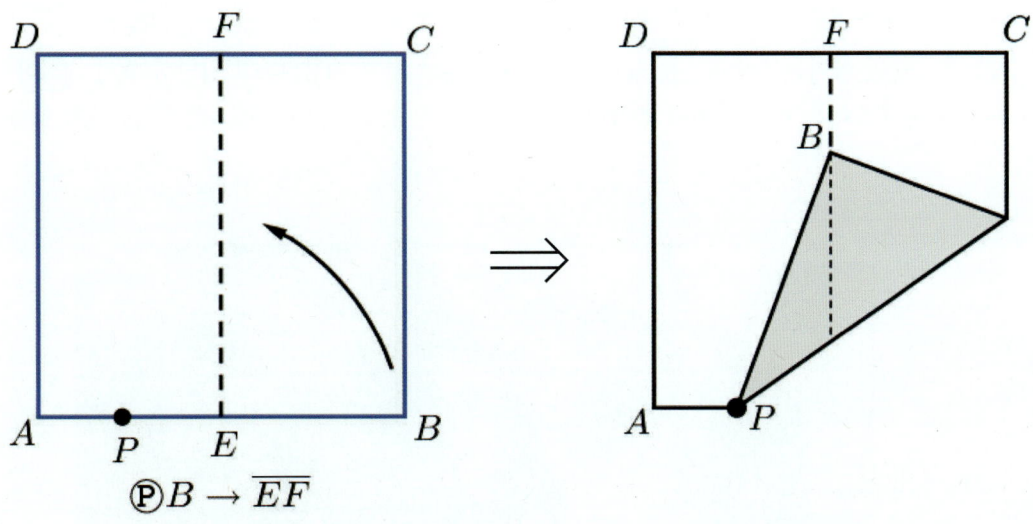

Ⅰ. 종이접기의 공리   **5**

2 기하학의 발전과 유클리드의 공리

한번 상상해봅시다. 지금은 아직 인류가 돌을 다루고 주거를 옮기며 사냥을 하던 시절입니다. 인류가 처음 수렵하던 시절 눈에 보이는 모든 것은 두려움의 상징이자 극복하고 싶은 대상이었습니다. 사냥할 때면 언제나 사냥꾼들의 안녕과 함께 풍족한 사냥의 결과를 빌었고 자연스럽게 원시종교가 발생했을 것입니다. 부족이 힘을 합해 힘세고 큰 사냥감을 사냥에 처음 성공한 어느 날, 사람들은 기쁨에 휩싸였을 겁니다. 그리고 누군가는 이것을 기념하고 싶은 마음에 자연스럽게 벽에 이 모습을 그리고 다음 사냥의 풍족함을 기원했을 것입니다.

번영을 기원하며 그림을 그리던 행위는 역사가 시작되며 도구의 발달로 이어지고 그리스를 비롯한 여러 나라에서는 드디어 자와 컴퍼스가 나타났습니다. 처음에는 단순히 직선과 원을 그리는 도구로서만 취급하며 이것으로 그 당시에 필요한 물건의 제작, 건축물의 건설 등을 이뤄냈습니다. 곧, 많은 수학자가 그동안 쌓아온 수학적 지식을 논리라는 벽돌들로 다시 재정리하고 탄탄히 쌓기 시작하면서 자와 컴퍼스는 수학을 이루는 가장 중요한 도구로 바뀌게 됩니다. 바로 유클리드 기하학의 시작입니다.

【라파엘로의 아테네 학당 : 컴퍼스로 작도하는 유클리드와 이를 보는 제자들】

유클리드는 그동안 수학에 대해 알려진 내용을 모아 정리하면서 이를 엄밀하고 체계적으로 재구성해야 할 필요성을 느끼게 됩니다. 23개의 정의와 5개의 공리[1]를 제시하고 여기에서부터 출발하여 명제들을 하나씩 만들고 증명합니다. 공리로부터 출발하여 명제를 증명하고 이 명제들과 공리를 사용하여 새로운 명제를 증명하는 모습은 탄탄하면서도 흔들림 없는 건물을 보는 듯하여 아름답기까지 합니다. 바로, 자와 컴퍼스 그리고 공리만 가지고 기하학의 많은 내용을 만들어 낸 것입니다. 사람마다 손재주가 다르기에 자와 컴퍼스를 사용하여 그려진 결과물은 미세하게 다를 수 있지만, 그린 방법이 공리와 명제에 입각한 같은 순서 혹은 같은 논리적 구성으로 이루어졌다면 같은 결과를 나타낸다고 이제는 분명하게 말할 수 있게 되었습니다.

자와 컴퍼스를 사용하여 만들 수 있는 대상과 아닌 대상을 구분하는 것에 관심을 두게 되는 것은 자연스러운 결과이기도 했습니다. 이른바 작도불능문제라고 알려진 「임의의 각의 3등분」, 「주어진 입방체의 배적」, 「원의 정방화」의 3가지 문제는 약 2천 년의 시간에 걸쳐 사람들을 괴롭혀 왔습니다. 이를 해결하기 위해 새로운 도구를 도입하거나 근삿값을 구하는 등의 다양한 시도가 나타났습니다. 하지만 누구도 자와 컴퍼스 만을 가지고 작도하는 것에는 성공하지 못하였고 세월을 흘러만 갔습니다. 그 노력이 헛된 것만은 아니었습니다. 이 문제들에 대한 도전은 현대 수학의 발전으로 이어졌습니다. 대수학의 발전은 이 기하의 문제들을 대수적인 해를 구하는 방정식의 문제로 치환하였고, 1837년 방첼(Pierre Wantzel, 1814-1848)은 자와 컴퍼스만을 사용하는 방법은 그 대수적 한계로 인해 3대 작도불능문제의 해를 구할 수 없음이 밝혀내고야 맙니다.

그럼 다시 유클리드에게로 돌아가서 그가 세우고자 했던 수학을 살펴봅시다. 그는 더 이상 의심할 수 없고 증명할 수 없는 기초로부터 수학을 세우고자 했습니다. 가장 기초로 삼은 수학적인 내용을 공리라고 부르고 이를 5가지 선정하였습니다.

공리 (E1) 서로 다른 2개의 점 P와 Q가 주어졌을 때, 눈금 없는 자로 이 두 점을 지나는 단 1개의 직선 $\ell = PQ$를 그릴 수 있다.

공리 (E2) 유한한 직선은 한 쪽으로 무한히 연장할 수 있다.

공리 (E3) 점 M과 길이가 $r\,(r>0)$인 선분이 주어졌을 때, 컴퍼스를 이용하여 중심이 M이고 반지름이 r인 원을 그릴 수 있다.

공리 (E4) 모든 직각은 서로 같다.

공리 (E5) 평면 위의 한 직선이 다른 두 직선과 만날 때, 같은 쪽에 있는 내각의 합이 $180°$보다 작으면 이 직선을 연장할 때 $180°$보다 작은 내각을 이루는 쪽에서 반드시 만난다.

---

[1] 공준이라고도 부릅니다. 공준은 특정 분야에서만 성립하는 공리를 지칭합니다.

유클리드는 이 5가지를 공리를 선정할 때 자명해 보이는 앞의 네 공리와는 달리 마지막 5번째 공리의 선정에는 고민하였다는 이야기도 있습니다. 그 때문에 이후의 수학자들은 이 5번째 공리를 앞의 4가지만을 이용해서 증명해보려고 시도합니다. 하지만 번번이 동치인 명제만을 찾을 뿐이었습니다. 이후 5번째 공리를 부정한 기하학 체계를 가정하였지만, 모순이 발견되지 않는 것을 보이게 됩니다. 19세기 로바체프스키와 보여이 야노시 등에 의해 결국 제5공리를 부정하는 기하학 체계인 비유클리드 기하학의 세상이 열리게 됩니다. 이 비유클리드 기하학의 세상에서는 구면 위에 삼각형을 그려 삼각형의 내각의 합이 180°보다 크게 만들 수 도 있고, 말 안장처럼 휘어 있는 곡면 위에 삼각형을 그려 삼각형의 내각의 합이 180°보다 작게 만들 수도 있습니다.

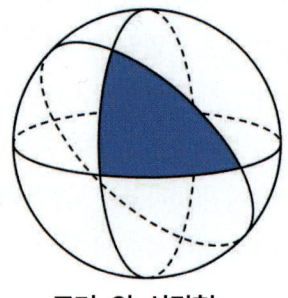
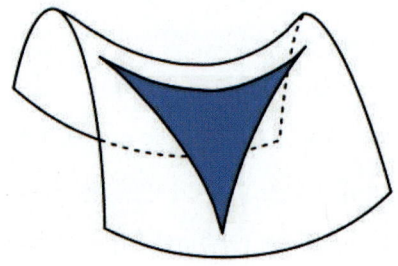

구면 위 삼각형　　　　쌍곡면 위 삼각형

3. 종이접기 기하의 발전과 종이접기의 공리

　종이접기의 영어 명칭은 단순 번역을 한 페이퍼 폴딩(paper-folding)과 일본어에서 비롯한 오리가미(origami)가 있습니다. 종이접기 활동을 직관적으로 전달할 필요가 있을 때는 paper-folding을 사용하지만, 종이접기라는 예술 분야를 나타낼 때는 오리가미(origami)를 사용해서 표현합니다. 오리가미(origami)에서 ori는 일본어 折り에서 온 단어로 '접는다'라는 뜻이고 gami는 紙에서 온 단어로 '종이'라는 뜻입니다. 즉, 일본어로도 오리가미(origami)는 종이접기(折り紙)가 됩니다.

　고대 중국에서 최초의 종이가 만들어진 이래로 종이는 기록의 수단이었을 뿐만 아니라 동시에 장식의 수단으로도 활용됐습니다. 중국 왕실에서는 대나무로 만든 죽간 또는 비단에 글을 써서 기록을 남겼는데, 죽간은 그 부피가 너무 커서 보관이 어려웠고 비단을 한두 번 쓰고 버리기에는 왕실의 재정이 너무 부담되었다고 합니다. 이에 재정을 관리하던 환관인 채륜이 전국의 장인들과 기술을 동원해 개발한 최초의 종이 채륜지를 만들어 냈습니다. 이후 한국에는 4~7세기경 종이가 전해진 것으로 보입니다. 이후 우리나라에서도 종이를 만드는 기술이 발전하면서 닥나무로 만든 종이, 바로 한지가 만들어지게 됩니다. 한지는 기존의 종이들보다 내구성이 강해 오래 보관할 수 있을 뿐만 아니라, 질겨서 쉽게 훼손되지 않는 장점이 있습니다.

　일본에는 담징에 의해 종이의 제지법이 전달되면서 화지로 발전하게 됩니다. 화지는 뛰어난 보존성과 함께 부드럽고 균일한 특성을 보이는 장점이 있습니다. 이 때문에 1966년 이탈리아 피렌체에 대홍수가 났을 때, 고문서 복원을 위해 화지가 제공되기도 했다고 합니다.

　이런 종이의 발달은 기록을 더 쉽게 만들어 주었지만, 나라별로 종이접기가 발달하는 계기도 되어주었습니다. 중국 송나라에서 종이접기는 전통 장례식의 장식품을 만드는 데에 사용되었다고 합니다, 일본에서는 헤이안 시대(794~1185)의 시인 후지와라노 기요스케(藤原清輔)가 쓴 청보조신집(清輔朝臣集)에 개구리 접기에 대한 설명이 실려있습니다. 1798년 리토 아키사토(秋里籬嶋)가 출간한 히덴 센바즈루오리가타[2](秘傳千羽鶴折形)에는 서로 붙어있는 종이학 접기가 소개됩니다. 유럽에서는 냅킨 접기가 유행하기도 하였고, 13세기의 천문학자 요하네스 데 사크로보스코(Johannes de Sacrobosco)의 저서 천구론(De Sphaera Mundi)《1490년》에 종이로 접은 듯한 작은 돛단배 삽화가 등장하기도 합니다.[3]

---

[2] 센바즈루(千羽鶴) : 수많은 학이 그려진 모양이나 그림 혹은 1,000개의 종이학을 끈으로 연결한 장식
[3] 하토리 쿄시로의 종이접기 홈페이지(https://origami.ousaan.com/library/historye.html)

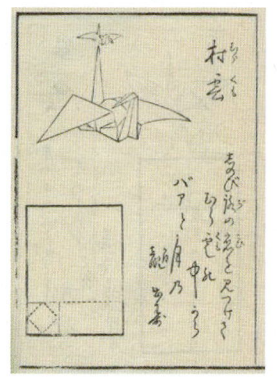 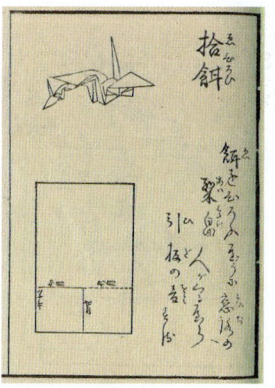 

【히덴 센바즈루오리가타에 실린학 접기】 【De Sphaera Mundi의 종이배】

종이접기가 발전하면서 그 접힌 선에 주목해 그 기하학적 특징에 관심을 두고 연구하는 사람들도 나타나기 시작합니다. 종이접기에서 처음 수학을 연구한 사람을 찾아내는 것은 어려운 일이지만, 이 분야에 대한 처음 연구물을 출판한 사람을 찾을 수 있습니다. 인도의 수학자 선다라 로우(T.Sundara Row)는 1893년 종이접기에 대한 수학적 발견을 정리하여 「종이접기에서의 기하학 연습(Geometric Exercises in Paper Folding)」이라는 책을 출판합니다. 자칫 묻혀버릴 수도 있었던 이 책은, 클라인 병으로 유명한 수학자 클라인(Felix Klein)에 의해 소개되면서 복각되어 여러 번 재출간되었습니다.

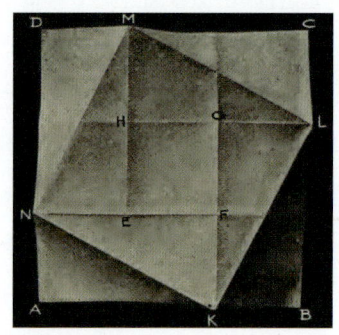 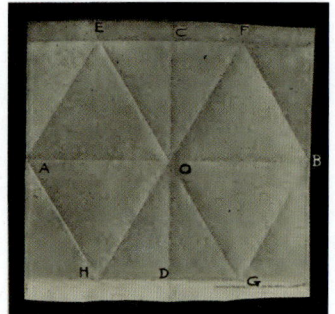

【종이접기에서의 기하학 연습 속 피타고라스 정리 접기와 정육각형 접기】

1924년에는 C.A. 러프(C.A. Rupp)의 「종이접기에 의한 변환」과, 1935년과 1936년에는 마르가리타 피아졸라 벨로치(Margherita Piazzolla Beloch)에 의해 「기하 문제를 종이접기로 해결하기」, 「3차와 4차 방정식을 종이접기로 해결하기」가 각각 발표되었습니다. 특히 벨로치는 종이접기의 접은 선과 기하학 그리고 유클리드의 작도에 주목하고 연구하여, 종이접기를 사용하면 3차, 4차 방정식의 해를 얻을 수 있음을 찾아낸 첫 번째 수학자입니다. 아쉽지만 그녀는 이 방법에 대해 구체적으로 서술하지는 못하였다고 합니다. 이후 1989년 이탈리아 페라라 시에서 열린 「제1회 종이접기 국제회의」를 시작으로, 1994년에 일본 오쓰시에서 「제2회 종이접기 국제회의」 개최되는 등 활발한 전 세계적으로 종이접기에 관한 관심이 높아져 갑니다. 특히 이 회의에서 종이접기의 수학을 연구해 온 곤충학자 출신의 하가 카츠오(芳賀和夫)는 종이접기 수학을 나타내는 용어로 종이접기의 종이(ori)와 수학(mathematics)를 결합한 오리가믹스(origamics)를 제안합니다.

종이접기 또한 유클리드의 작도 공리처럼 종이접기를 이론적으로 뒷받침하기 위한 7개의 공리가 존재합니다. 종이접기를 이루는 공리는 이를 정립한 수학자들의 이름을 따 「후지타-하토리 공리」라고 불립니다. 종이접기의 공리들은 1986년 프랑스의 수학자 자크 저스틴(Jacques Justin)이 처음 발견하였습니다. 공리 1번부터 공리 6번까지는 일본계 이탈리아의 수학자 후미아키 후지타(藤田文章)가 재발견하여 「제1회 종이접기 국제회의」에서 발표하여 알려지게 됩니다. 공리 7번은 2001년 일본의 종이접기 예술가 하토리 쿄시로(羽鳥 公士郎)가 재발견하였고, 종이접기를 크게 발전시킨 로버트 랭(Robert J. Lang)도 이를 발견하였습니다. 각각의 공리들은 다음과 같습니다.

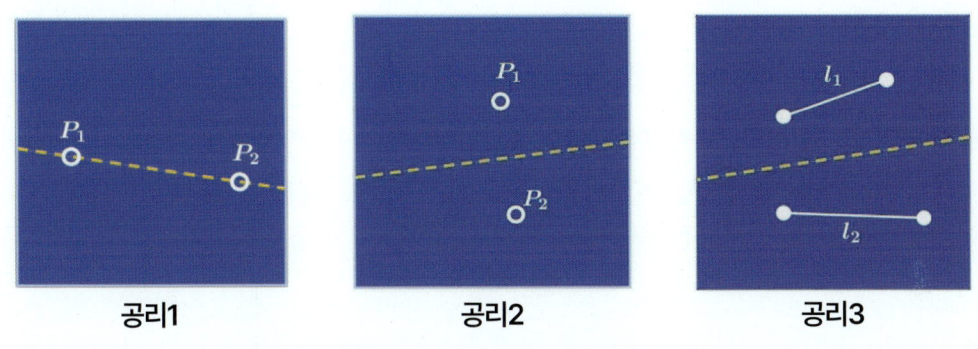

종이접기 공리

공리1 (O1) 서로 다른 2개의 점 P_1과 P_2가 주어졌을 때, 이 두 점을 지나는 유일한 직선을 접을 수 있다.

공리2 (O2) 종이 위에 임의의 두 점 P_1과 P_2가 주어질 때, 이 두 점이 서로 겹치도록 접은 선은 유일하다.

공리3 (O3) 종이 위에 임의의 두 직선 l_1과 l_2가 주어질 때, 이 두 직선을 서로 겹치도록 접을 수 있다.

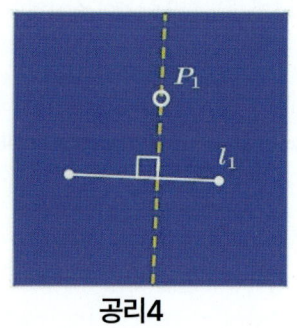 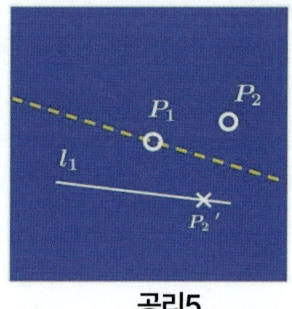

공리4　　　　　　　　　　　공리5

종이접기 공리

공리4 (O4)　임의의 점 P_1과 직선 l_1이 주어질 때, 점 P_1을 지나며 직선 l_1에 수직인 유일한 직선을 접을 수 있다.

공리5 (O5)　임의의 두 점 P_1, P_2와 임의의 직선 l_1이 주어질 때, 점 P_1을 지나며 점 P_2를 직선 l_1에 겹치도록 하는 직선을 접을 수 있다.

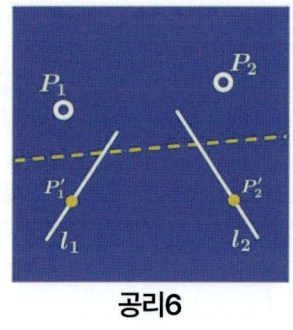 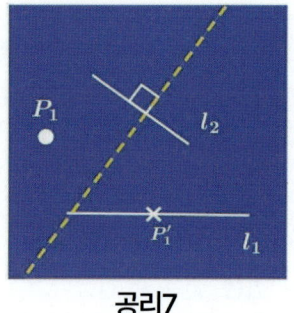

공리6　　　　　　　　　　　공리7

종이접기 공리

공리6 (O6)　임의의 두 점 P_1, P_2와 임의의 두 직선 l_1, l_2가 주어져 있다고 하자. 이 때, 점 P_1을 직선 l_1 위에, 점 P_2를 직선 l_2 위에 각각 겹치도록 접을 수 있다.

공리7 (O7)　임의의 점 P_1과 임의의 두 직선 l_1, l_2가 주어져 있다고 하자. 이 때, 점 P_1을 직선 l_1 위로 겹치도록 하면서, 직선 l_2에 수직이 되도록 하는 직선을 접을 수 있다.

종이접기 공리 7가지가 있음으로써 종이접기 또한 이제 논리적인 바탕에서 만들 수 있게 되었고, 동시에 누가 접더라도 같은 논리 혹은 순서에 따라 접었다면 같은 결과물을 얻는다고 이야기할 수 있게 되었습니다.

위 종이접기의 공리들은 다음의 스마트폰의 QR코드 앱을 이용해 접속하면, 온라인 지오지브라 활동을 통해 접는 모습과 그 속에 담긴 수학적 원리를 살펴볼 수 있습니다. 수학적 원리들의 경우 다음 장부터 천천히 살펴보도록 하겠습니다.

지오지브라 활동으로 만든 종이접기의 공리

공리1	공리2	공리3

공리4	공리5	공리6

공리7	공리1~7 모아보기	

위에 접속하는 주소는 아래와 같습니다.
https://www.geogebra.org/m/ehcfxufa#chapter/759329

4. 종이접기의 공리의 수학적 의미 1

종이접기 공리 7가지를 살펴보면 유클리드 기하의 공리와 상당히 많이 닮았음을 알 수 있습니다. 혹시 읽다가 너무 어렵다는 생각이 든다면 바로 Ⅱ. 학교수학과 종이접기로 넘어가셔도 좋습니다. 「작도로 불가능한 정다각형 접기」 나 「작도 불능 문제」 의 해결과 같은 몇 가지 내용을 제외하면 공리에 대한 내용을 생각하지 않고도 종이접기 속 수학의 이야기를 진행하는데 문제없거든요.

이번 장에서는 종이접기의 공리 7가지가 가지는 수학적 의미를 살펴보겠습니다. 앞 페이지에서 제시한 종이접기 공리의 QR코드들을 이용하면 아래 내용들을 지오지브라로 확인할 수 있습니다.

가. 종이접기의 공리1

공리1 (O1) 서로 다른 2개의 점 P_1와 P_2가 주어졌을 때, 이 두 점을 지나는 유일한 직선을 접을 수 있다.

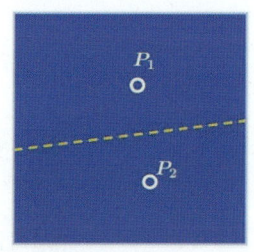

이 공리는 유클리드의 공리1(E1)과 정확하게 같습니다. 재미있게도 유클리드 기하의 공리1(E1)과 종이접기의 공리1(O1) 모두 같은 수학적인 이야기를 하고 있습니다. 이 공리를 부정할 경우 나타날 수 있는 도형입니다. 만약 임의의 두 점을 지나는 직선이 2개 이상이 있다면, 위 그림처럼 이각형(Digon)을 만들 수 있게 됩니다.

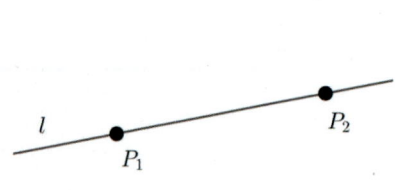

【유클리드 기하의 공리1 (E1)】

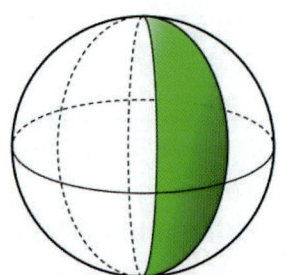

【구면기하학의 이각형(Digon)】

따라서 지금 선이 만들어진 공간이 바로 평면이 아닌 다른 공간, 예를 들면 구면과 같은 공간이 될 수 있습니다. 즉, O1을 부정하면, 평면과 같은 평평한 종이를 사용하는 것이 아닌 공처럼 곡면을 가진 특수한 종이를 사용하고 있다는 내용으로 바뀌어 버립니다. 결국 O1은 종이접기의 사용 수단인 종이의 종류를 평평한 종이로 제한하는 내용을 담고 있습니다.

나. 종이접기의 공리2

공리2 (O2) 종이 위에 임의의 두 점 P_1과 P_2가 주어질 때, 이 두 점이 서로 겹치도록 접은 선은 유일하다.

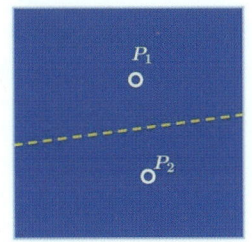

이때 점 P_1과 P_2를 잇는 선분을 그으면 접은 선과 수직이 됨을 쉽게 알 수 있습니다. 따라서 유클리드의 원론 I 의 명제 10 '두 점이 주어질 때 이 두 점의 수직이등분선을 작도할 수 있다.'와 같은 이야기가 됩니다.

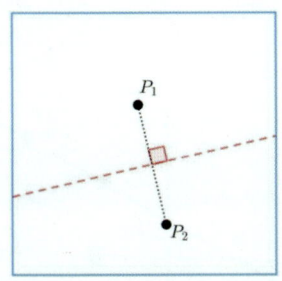

【종이접기 공리2 (O2)의 수직선】

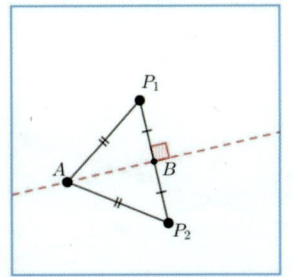

【선분 $\overline{P_1P_2}$가 수직선임의 증명】

다. 종이접기의 공리3

공리3 (O3) 종이 위에 임의의 두 직선 l_1과 l_2이 주어질 때, 이 두 직선을 서로 겹치도록 접을 수 있다.

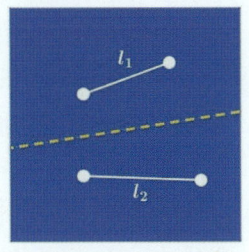

일단 두 직선 l_1과 l_2가 평행한 경우 이 내용은 두 직선으로부터 떨어진 거리가 같은 또 다른 직선을 찾는 이야기로 바뀌게 되고, 이는 수직선의 작도, 중점의 작도를 두 번 반복함으로써 어렵지 않게 작도할 수 있습니다.

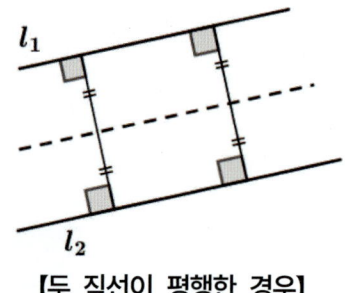 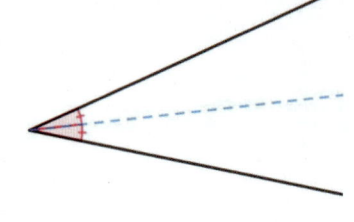

【두 직선이 평행한 경우】   【두 직선이 평행하지 않은 경우】

일단 두 직선 l_1과 l_2가 평행하지 않은 경우 두 직선은 한 점에서 만나게 됩니다. 따라서 O3에서 이야기하는 접은 선은 바로 두 직선이 만드는 각의 이등분선임을 쉽게 알 수 있습니다. 그런데 여기에 함정이 있습니다. 혹시 O3를 표현한 그림을 보면서 '접은 선은 당연히 저 점선 하나지.' 라고 생각하셨나요? 그렇다면 이 공리를 처음 공부하던 때의 저와 마찬가지로 선입견에 빠져버리셨습니다.

각의 이등분선을 나타내는 그림을 수학 교과서, 수학 문제집 혹은 인터넷에서 검색하면 위의 그림처럼 예각으로 표현되는 경우로 항상 만나게 됩니다. 하지만 두 직선이 서로 만날 때 이 직선들이 만드는 각은 2가지입니다. 따라서 각의 이등분선도 항상 2개 존재하고, 두 직선은 서로 수직입니다.

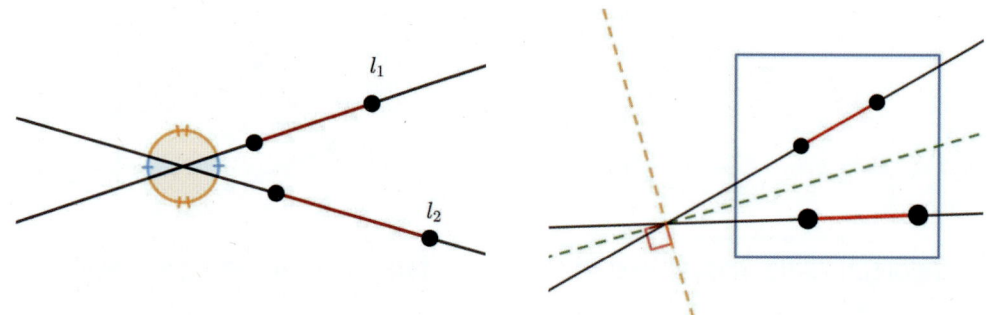

【평행하지 않은 두 직선이 만드는 각】   【평행하지 않은 두 직선의 접은 선】

그런데 왜 접은 선이 하나라는 착각을 하기 쉬울까요? 종이접기를 할 때 보통 정사각형 모양의 색종이를 사용합니다. 하지만 우리는 지금 공리에 관해 이야기를 하고 있습니다. 공리계에서 종이의 크기를 제한할 이유가 없습니다. 그림 상으로는 정사각형 안에 그렸지만, 실은 우리가 접고 있는 종이는 그 크기가 무한합니다. 또 직선 또한 종이접기의 특성 때문에 선분으로 표현했지만 실제로는 무한히 뻗어나가는 직선으로 존재합니다.

따라서 이 점을 생각하고 다시 보면, 접은 선은 한 점에서 만나는 두 직선이 만드는 각의 이등분선으로 2개가 나타날 것입니다. O3을 나타낸 그림과 같은 상황이었다면 또 다른 접은 선은 정사각형의 밖에서 나타납니다. 앞서 종이접기의 공리를 소개할 때 첨부한 QR코드를 따라가면, O3을 나타내는 지오지브라 활동에서 두 직선이 서로 겹쳐지도록 접을 수 있음을 확인해볼 수 있습니다.

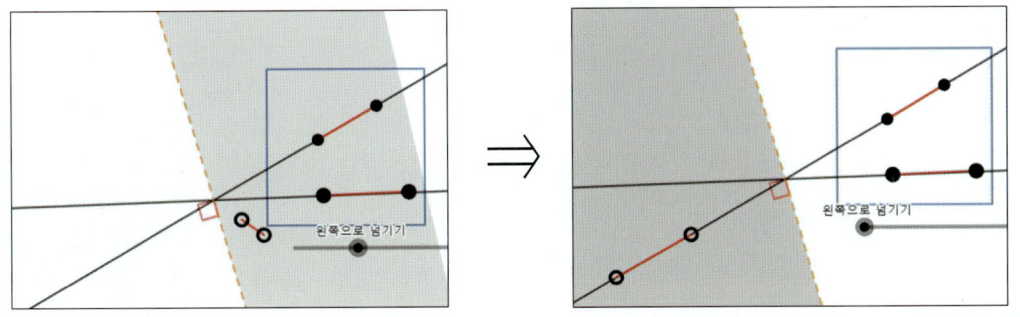

【 l_1과 l_2를 겹치도록 접는 다른 방법】
(https://www.geogebra.org/m/ehcfxufa#material/rxrcuvte)

라. 종이접기의 공리4

공리4 (O4) 임의의 점 P_1과 직선 l_1이 주어질 때, 점 P_1을 지나며 직선 l_1에 수직인 유일한 직선을 접을 수 있다.

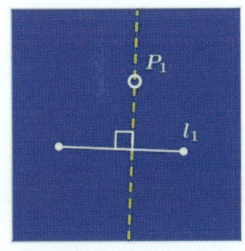

O4는 유클리드의 명제와 같은 내용을 담고 있습니다. 유클리드 원론 I 권에는 명제 12 '주어진 직선과 직선 위에 있지 않은 임의의 한 점에서 직선에 수직선을 그을 수 있다.'가 실려있습니다.

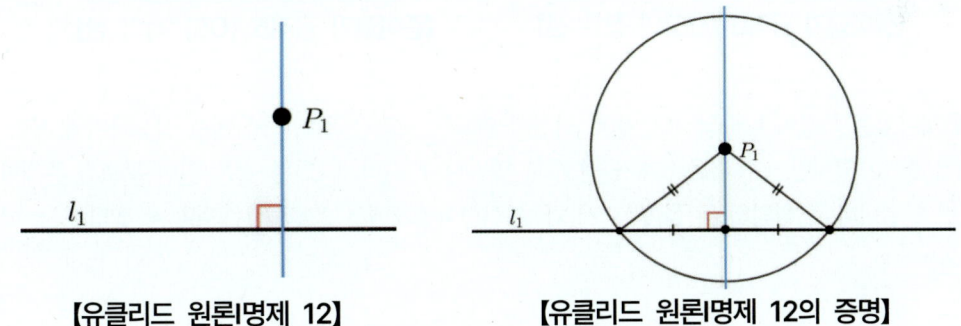

【유클리드 원론명제 12】　　　【유클리드 원론명제 12의 증명】

마. 종이접기의 공리5

공리5 (O5) 임의의 두 점 P_1, P_2와 임의의 직선 l_1이 주어질 때, 점 P_1을 지나며 점 P_2를 직선 l_1에 겹치도록 하는 직선을 접을 수 있다.

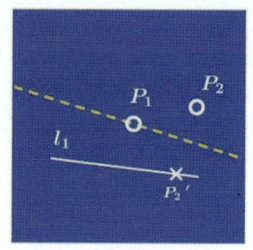

앞서 O3에서 접은 선이 실은 2개였던 것을 기억하시나요? O5의 접은 선도 재미있는 특징을 보여줍니다. O5를 설명하는 그림과 같은 위치에 임의의 두 점 P_1, P_2와 임의의 직선 l_1가 있다면 접은 선은 실은 2개가 나타납니다. 왜냐하면 P_1을 중심으로 하고 선분 $\overline{P_1P_2}$을 반지름으로 갖는 원을 그린다면, 원과 직선 l_1과의 교점이 바로 P_2이 옮겨지는 점이 되기 때문입니다. 이 때 P_2의 대칭점을 P_2'이라 하면, 접은 선은 각 $\angle P_2P_1P_2'$의 이등분선(또는 선분 $\overline{P_2P_2'}$의 수직이등분선)이 됩니다.

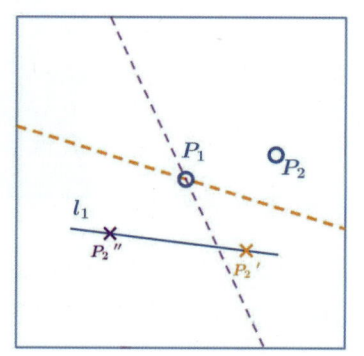
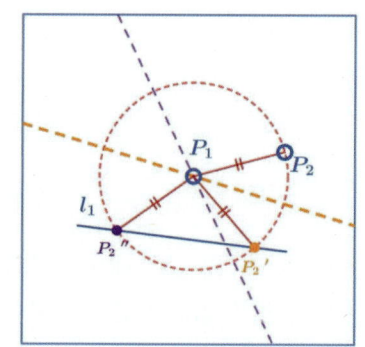

【종이접기 공리5 (O5)의 접은 선】 【종이접기 공리5 (O5) 속의 원】

이때 재미있는 특징이 나타납니다. 원과 직선이 만드는 교점은 원의 중심에서 직선까지의 거리에 따라 2개가 될 수 있지만, 1개 혹은 0개가 될 수도 있습니다. 따라서 O5를 접은 선이 무조건 존재한다고 해석하면 안됩니다. 「임의의 두 점 P_1, P_2와 ... 직선이 0개에서 2개까지 존재할 수 있다.」로 바꾸면 어떨까요?

5. 종이접기의 공리의 수학적 의미 2
- 종이접기 속 포물선

가. 종이접기의 공리5 다시 보기

종이접기의 공리 6 (O6) 의 이야기로 넘어가기 전에 공리 5 (O5)에 대한 이야기를 조금더 풀어나가려고 합니다. O5에서 등장하는 임의의 두 점 중 P_1을 지우고 다시 생각해보겠습니다. 이제부터의 이야기는 고등학교 「수학Ⅱ」, 「기하」'라는 과목의 내용까지 사용하여 다루게 됩니다.

공리5 (O5)의 변형 임의의 점 P_1와 임의의 직선 l_1이 주어질 때, 종이를 접어서 점 P_1를 직선 l_1 위 어디로든 옮기는 것이 가능하다.

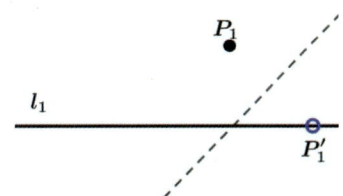

이의 증명은 어렵지 않습니다. l_1 위에서 P_1을 옮기고 싶은 위치에 점을 잡고 이 점을 $P_1{}'$이라고 합니다. 그러면 접은 선은 선분 $\overline{P_1P_1{}'}$의 수직이등분선으로 나타납니다. 거꾸로 P_1을 중심으로 하고 선분 $\overline{P_1P_1{}'}$을 반지름으로 하는 원을 그려 항상 $P_1{}'$을 쉽게 찾을 수 있기도 합니다.

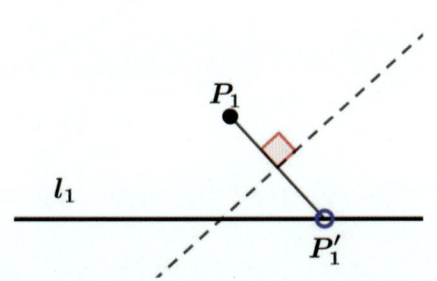

【공리5 변형에서 접은 선을 찾는 법】   【$P_1{}'$을 직선 l_1에서 찾는 법】

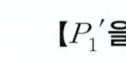

(https://www.geogebra.org/m/ehcfxufa#material/f4xju5zp)

그런데 접은 선들을 모아서 표시해보면 재미있는 결과를 볼 수 있습니다. 접은 선들의 자취는 어떤 곡선을 만들면서, 그 곡선의 접선으로 나타나는 모습을 확인할 수 있습니다. 이 곡선이 바로 포물선입니다.

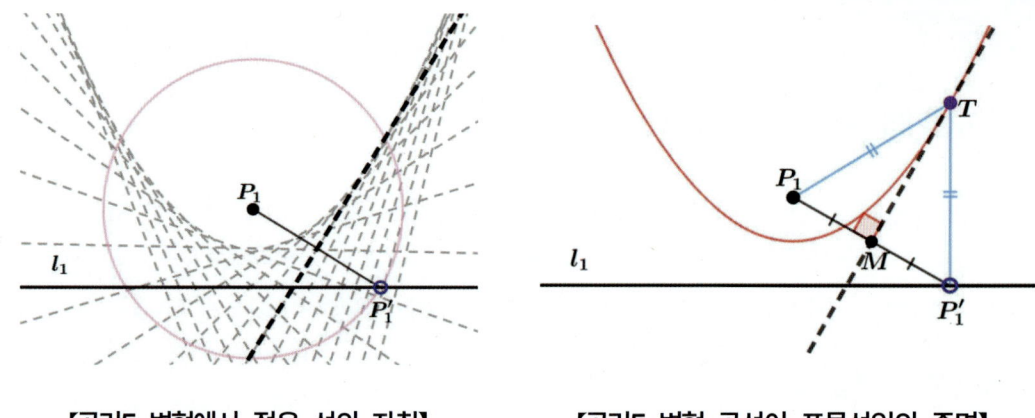

【공리5 변형에서 접은 선의 자취】　　【공리5 변형 곡선이 포물선임의 증명】

포물선이란?

평면상에 하나의 정점 F와 하나의 정직선 g가 주어진 경우, F에 이르는 거리 $\overline{PF}$와 g에 이르는 거리 $\overline{PH}$가 같은 점 P의 자취를, 점 F를 초점, 직선 g를 준선(準線)으로 하는 포물선이라 한다.

- 두산백과

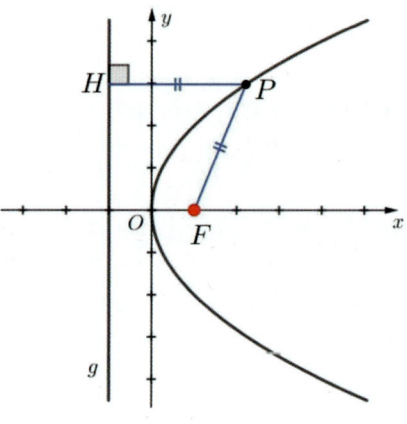

포물선의 정의는 위와 같습니다. 공리 5 변형에서 접은 선이 만들고 있는 곡선이 정말 포물선인지 한번 살펴보겠습니다.

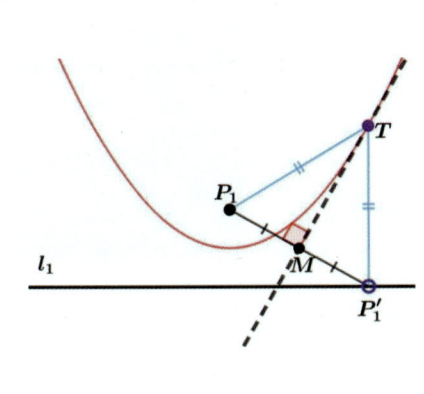

[왜냐하면]

P_1'에서 l_1의 수직선을 그어 접은 선과 만나는 점을 T라 하자.

초점 P_1에서 점 T까지의 거리 $\overline{P_1T}$와 점 T에서 준선 l_1까지 떨어진 거리 $\overline{P_1'T}$라고 할 때, 접은 선의 성질에 따라 $\overline{P_1'T} = \overline{P_1T}$가 된다.

즉, 점 T는 정점 P_1과 정직선 l_1까지의 거리가 같은 점이 된다. 그러므로 점 T의 자취는 포물선이다.

때문에 **공리5 변형**은 유클리드 기하와 닮은 특성 때문에 직선과 원만 보기 쉬운 종이접기의 공리에 다른 수학적 내용이 있음을 알려줍니다.

공리5 (O5)의 변형의 수학적 의미

임의의 점 P_1와 임의의 직선 l_1이 주어져 있다. 이때 점 P_1를 직선 l_1 위로 옮기도록 접으면, 점 P_1을 초점으로 하고 직선 l_1을 준선으로 하는 포물선과 그 포물선의 접선이 항상 나타난다.

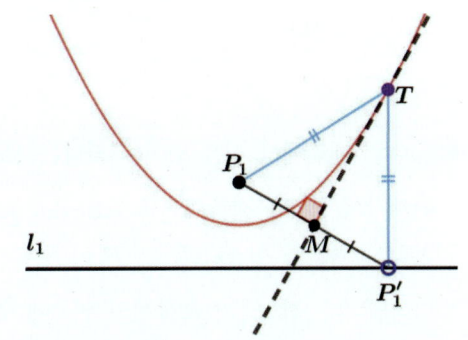

결국 종이를 접는 행동은 포물선과 그 포물선의 어떤 접선을 매번 하나씩 찾는다는 의미이기도 합니다.

그럼 다시 O5로 돌아와 볼까요. 앞서 살펴봤듯이 「**종이접기의 공리5 (O5)**」는 다음과 같습니다.

공리5 (O5) 임의의 두 점 P_1, P_2와 임의의 직선 l_1이 주어질 때, 점 P_1을 지나며 점 P_2를 직선 l_1에 겹치도록 하는 직선을 접을 수 있다.

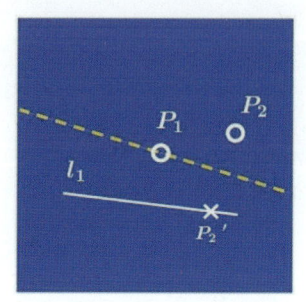

이제 우리는 이 공리의 문구를 포물선을 넣어 아래처럼 바꿀 수 있습니다.

공리5 (O5) 재해석 임의의 두 점 P_1, P_2와 임의의 직선 l_1이 주어질 때, 점 P_2이 초점이고 직선 l_1이 준선인 포물선의 접선 중 점 P_1을 지나는 접선을 접을 수 있다.

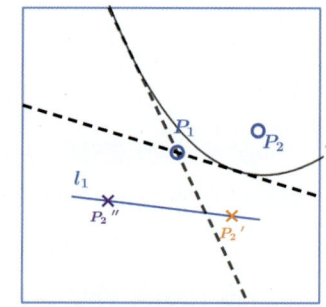

이런 관점에서 접은 선이 나타나는 모습을 살펴보죠. 접선의 개수는 이제 점 P_1와 포물선의 위치 관계가 결정하는 것을 알 수 있습니다. 점 P_1이 포물선의 아래쪽에 위치하면 자연스럽게 접선은 항상 2개를 그릴 수 있습니다. 점 P_1이 포물선 위의 점일 때, 점 P_1이 바로 접점이 되면서 접선은 1개가 나타납니다. 점 P_1가 포물선의 위쪽에 위치하면 점 P_1을 지나는 접선을 항상 그릴 수 없게 됩니다.

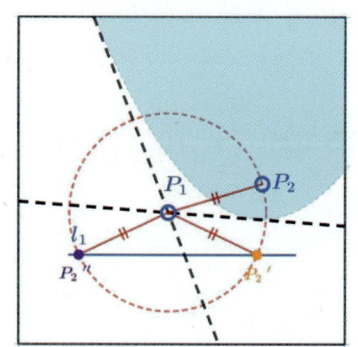 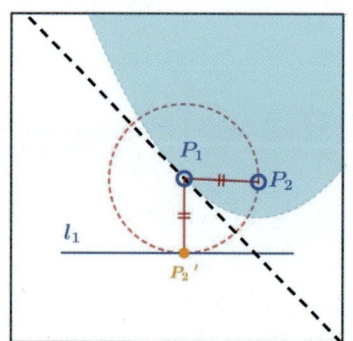 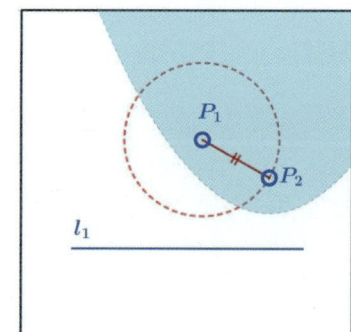

[포물선과 점 P_1의 위치 관계에 따른 접은 선의 개수]

나. 종이접기의 공리6

이제 준비가 끝났습니다. 종이접기의 공리6 (O6)을 살펴보겠습니다. 종이접기 공리 5, 6, 7역시 포물선에 대한 내용이 필요합니다.

공리6 (O6) 임의의 두 점 P_1, P_2와 임의의 두 직선 l_1, l_2가 주어져 있다고 하자. 이 때, 점 P_1을 직선 l_1 위에, 점 P_2을 직선 l_2 위에 각각 겹치도록 접을 수 있다.

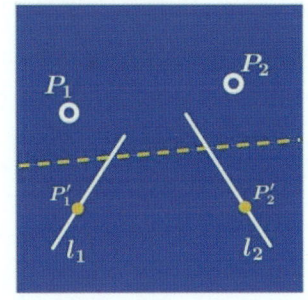

O6을 보면, 먼저 점 P_1을 직선 l_1 위에 겹치도록 접습니다. 따라서 여기서 점 P_1가 초점이고 직선 l_1이 준선인 포물선이 존재합니다. 또, 점 P_2을 직선 l_2 위에 겹치도록 접으므로, 점 P_2가 초점이고 직선 l_2이 준선인 포물선이 하나 더 존재합니다. 접은 선은 포물선의 접선이므로 O6의 접은 선은 두 포물선의 공통 접선임을 알 수 있습니다. 그러니 O6도 포물선에 대한 내용으로 다시 재해석 할 수 있지요.

공리6 (O6) 재해석 임의의 두 점 P_1, P_2와 임의의 두 직선 l_1, l_2가 주어져 있다고 하자. 이 때, 점 P_1를 초점으로 하고 직선 l_1을 준선으로 갖는 포물선 p_1과, 점 P_2을 초점으로 하고 직선 l_2를 준선으로 갖는 포물선 p_2가 각각 존재한다. 이때 두 포물선 p_1, p_2의 공통 접선을 접을 수 있다.

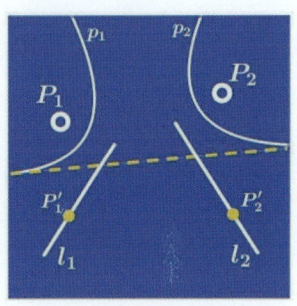

두 포물선의 교점을 잘 그려보면 위 그림의 상황에서는 공통 접선을 3개를 그릴 수 있습니다. 즉, 접는 방법은 3개나 존재합니다. 하지만 점과 직선의 위치 관계가 달라지면 그 접선의 개수가 달라질 것입니다. 아래 그림은 점의 위치에 따른 접선의 개수를 나타난 것입니다.

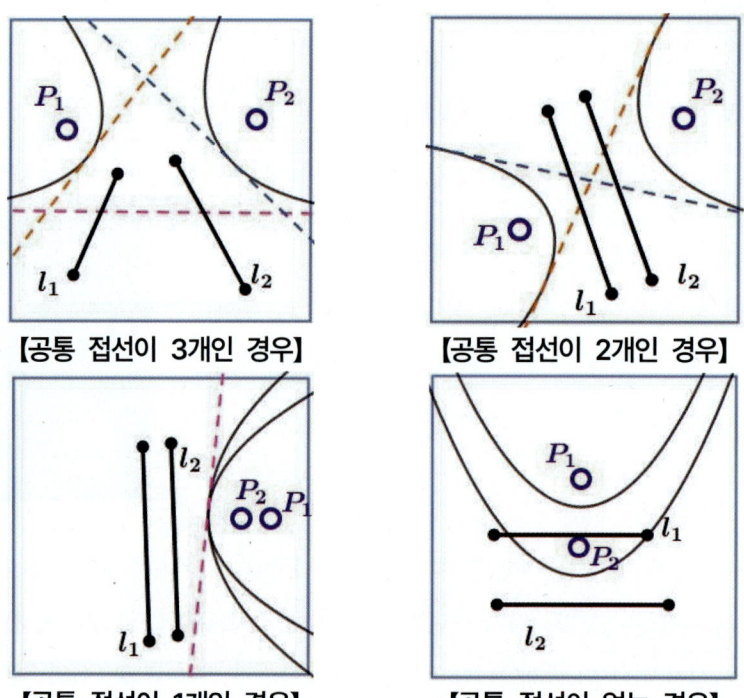

【공통 접선이 3개인 경우】　【공통 접선이 2개인 경우】

【공통 접선이 1개인 경우】　【공통 접선이 없는 경우】
(https://www.geogebra.org/m/ehcfxufa#material/mgk4ac74)

O6은 '벨로치 접기'로도 알려져 있습니다. 1936년 로마의 수학자 마르게리타 벨로치(1879-1976)는 이 방법을 이용해 종이접기가 일반적인 삼차방정식의 해를 나타낼 수 있음을 보였다고 합니다. 벨로치 접기는 후에 하토리-후지타 공리 6번과 동치임이 밝혀졌습니다.

이 공리를 이용하면 삼차방정식이 필요한 문제들을 해결할 수 있습니다. 작도불능 문제 중 「임의의 각의 3등분」, 「주어진 입빙체의 배직」 문제들이 바로 그것입니다. 또 정7각형을 접는 법 역시 삼차방정식이 필요하기에 유클리드 공리만으로는 작도할 수 없지만, 종이접기를 이용하면 만들 수 있습니다.

다. 종이접기의 공리7

마지막 공리7 (O7)의 차례입니다. O7에서는 임의의 점과 직선 2개가 필요합니다.

공리7 (O7) 임의의 점 P_1과 임의의 두 직선 l_1, l_2가 주어져 있다고 하자. 이 때, 점 P_1을 직선 l_1 위로 겹치 도록하면서, 직선 l_2에 수직이 되도록 하는 직선 을 접을 수 있다.

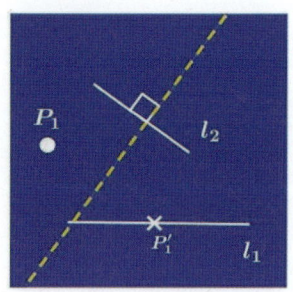

O7 또한 포물선을 포함한 이야기로 바꾸어 봅시다.

공리7 (O7) 재해석 임의의 점 P_1과 임의의 두 직선 l_1, l_2가 주어져 있다고 하자. 이 때, **점 P_1을 초점이고 직선 l_1을 준선으로 갖는 포물선의 접선 중 직선 l_2에 수직이 되도록 하는 직선을 접을 수 있다.**

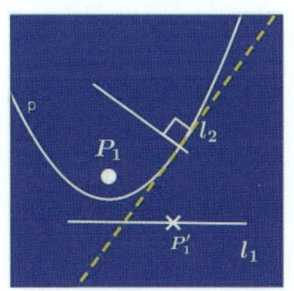

O7을 재해석한 것을 다시 좌표평면에 그려보면 아래와 같은 그림을 얻을 수 있습니다. 이때, 편의상 $P_1 = (0,1)$, $l_1 : y = -1$이라고 두면, 점 P_1이 초점이고 직선 l_1이 준선인 포물선의 방정식은 $p(x) = \dfrac{1}{4}x^2$이 됩니다. 따라서 언제든 직선 l_2가 주어지면 미분과 l_2의 기울기를 이용하여 접선을 구할 수 있게 됩니다.

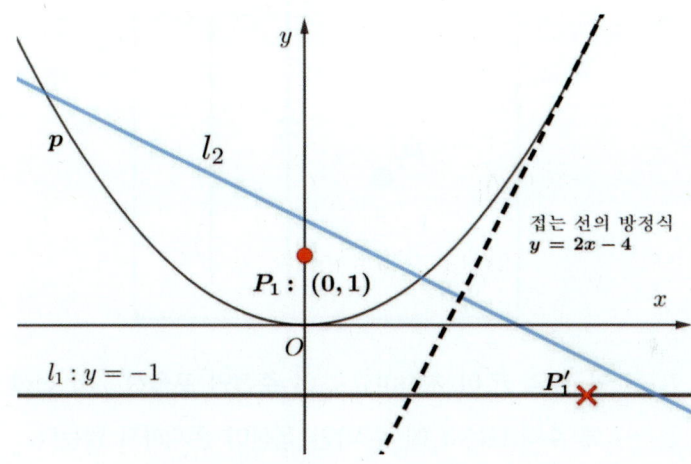

[좌표평면으로 옮긴 O7의 재해석]

(https://www.geogebra.org/m/ehcfxufa#material/wquncwdu)

예를 들어 l_2의 기울기가 $-\dfrac{1}{2}$이면 접선의 기울기는 수직이라는 조건 때문에 포물선 $p(x)$의 미분계수 $p'(x) = 2$가 되어야 하므로 $\dfrac{1}{4} \times 2x = 2$입니다. 따라서 $x = 4$이므로 접점의 좌표는 $(4,4)$가 되죠. 그러므로 접선의 방정식은 $y = 2(x-4) + 4 = 2x - 4$가 됩니다. 이와 같이 항상 l_2에 직교하는 접은 선의 방정식을 해석 기하를 사용해서 찾을 수 있습니다.

여기에서 문제가 있습니다. 접선의 기울기를 결정하는 미분계수 $p'(x) = \frac{1}{2}x$입니다. 직선 l_2의 기울기가 m이라면 l_2와 접은 선은 서로 수직이므로 항상 그 기울기의 곱이 -1이 됩니다.

$$\text{기울기의 곱} = m \times \frac{1}{2}x_2 = -1 \rightarrow x_2 = -\frac{2}{m}$$

앞서 계산하였던 l_2의 기울기 m이 주어지면 언제든 접점의 좌표를 구할 수 있지만, 단 하나 접점의 좌표를 구하지 못하는 경우가 있습니다. 바로 $m=0$인 경우입니다.

즉, l_2의 기울기 $m=0$인 경우에는 접은 선을 찾는 것이 불가능합니다. 바로 직선 l_1과 l_2가 서로 평행한 경우입니다. P_1의 위치와 l_1의 위치를 임의로 잡는 O7의 일반적인 경우들은 위 상황을 평행이동 및 회전변환, 확대 등을 이용하면 얻어지므로, 우리는 직선 l_1와 l_2가 서로 평행이면 O7을 접을 수 없는 것을 알 수 있습니다.

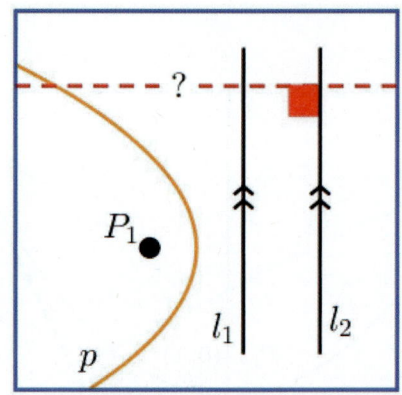

$l_1 \parallel l_2$인 경우 P_1이 초점이고 l_1이 준선인 포물선 p의 접선 중
l_2에 수직(또는 l_1에 수직)인 접선이 존재하지 않는다.

II. 학교 수학과 종이접기

머리 아프면서도 어려운 종이접기의 공리 속 수학 이야기를 읽느라 고생하셨습니다. 앞서 언급하였던 것처럼 「작도로 불가능한 정다각형 접기」나 「작도 불능 문제」의 해결과 같은 몇 가지 내용을 제외하면 공리에 대한 내용을 생각하지 않고 종이접기 속 수학을 탐구하여도 괜찮습니다. 앞의 내용이 어려워서 이 장으로 바로 넘어오신 독자분들도 환영합니다.

이번 장에서는 중학교의 기하 및 쉬운 접기 방법 속에 들어있는 수학 내용을 탐구해보고자 합니다. 종이접기는 도형을 쉽게 조작하면서도 잘 접기 위해서 그 수학적인 특성을 생각해야 하는 면 때문에, 학교 수학에서 수학을 탐구하는 좋은 도구로 사용해 왔습니다. 종이접기를 이용해서 할 수 있는 활동은 어떤 특징이 있고, 이를 활용해서 탐구할 수 있는 학교 수학의 내용은 어떤 것이 있을까요? 앞서 공리로 언급했던 내용을 이제는 학교 수학 그중에서도 기하의 언어로 다시 표현해보겠습니다.

이번 장부터 사용하는 종이는 특별한 언급이 없는 한 정사각형 모양의 색종이입니다.

1 종이접기 속 학교수학

가. 선분의 수직이등분선 접기

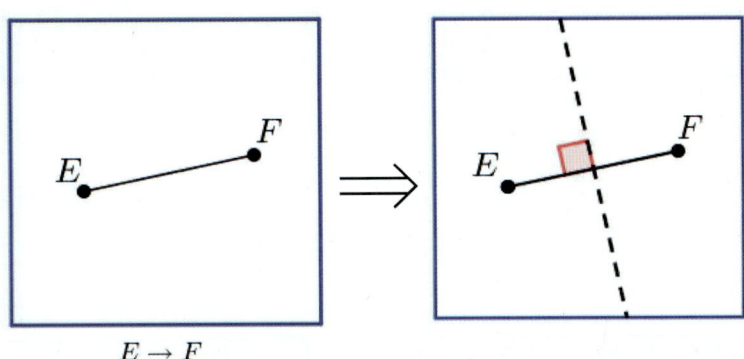

선분 $\overline{EF}$가 주어질 때, $E \to F$와 같이 접으면 선분의 수직이등분선을 항상 접을 수 있습니다. 이는 앞선 종이접기의 공리2 (O2)에 따른 것입니다. 따라서 종이 위에 그려진 선분 $\overline{EF}$를 항상 이등분하는 것이 가능합니다.

나. 각의 이등분선 접기

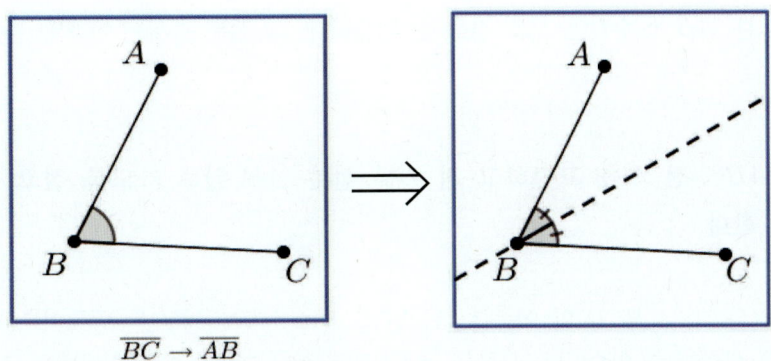

각 $\angle ABC$가 주어질 때, $\overline{BC} \to \overline{AB}$와 같이 접으면 각의 수직이등분선을 항상 접을 수 있습니다. 이는 앞선 종이접기의 공리3 (O3)에 따른 것입니다.

다. 선분의 수직선 접기

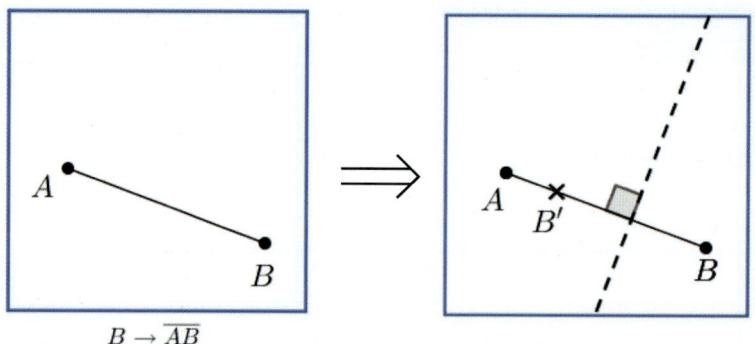

선분 $\overline{AB}$가 주어질 때, $B \to \overline{AB}$와 같이 접으면 항상 선분의 수직선을 접을 수 있습니다. 이것은 점 B가 선분 $\overline{AB}$ 위로 옮기는 점을 B'이라 할 때, 선분 $\overline{BB'}$의 수직이등분선을 접을 수 있기 때문입니다.

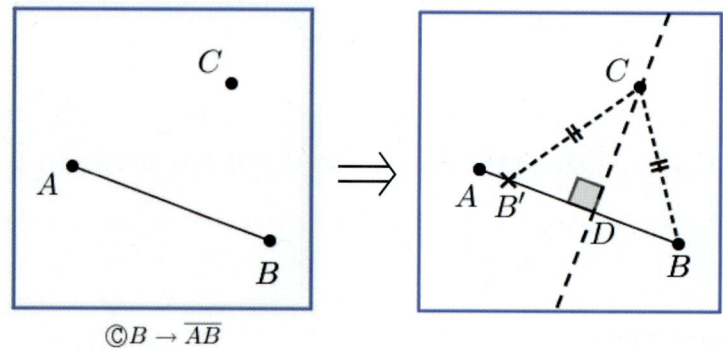

수직선 접기의 특수 상황으로서 선분 $\overline{AB}$와 함께 직선 $\overleftrightarrow{AB}$ 위에 있지 않은 점 C가 있으면, 점 C를 지나고 선분 $\overline{AB}$에 수직인 선을 접을 수 있습니다. 그 접는 순서는 아래와 같습니다.

<접는 법>

① ⓒ$B \to \overline{AB}$: 점 C를 고정하고 점 B를 선분 $\overline{AB}$ 위로 가도록 접고, 옮겨진 점을 B'이라 한다.

이때, 접은 선은 각 $\angle BCB'$의 이등분선이 되고, $\overline{B'C} = \overline{BC}$, $\overline{CD}$는 공통이므로 $\triangle CB'D \equiv \triangle CBD$가 됨을 확인할 수 있습니다. 따라서 $\angle CDB' = 90°$가 됩니다. 이 방법은 종이접기의 공리 4 (O4)이기도 합니다.

라. 평행선 접기

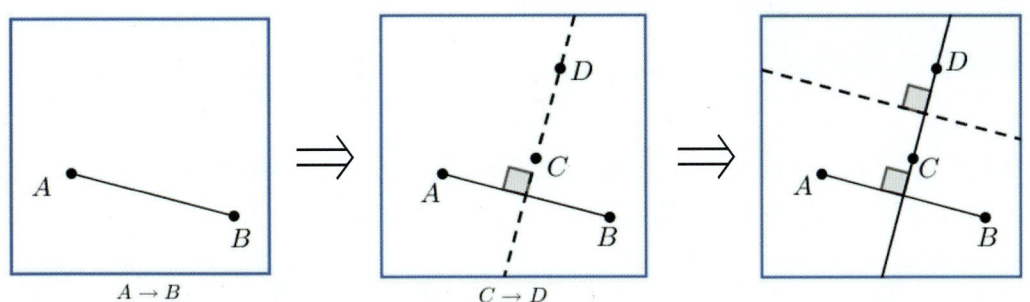

선분 $\overline{AB}$가 주어질 때 항상 $\overline{AB}$의 평행선을 접을 수 있습니다. 그 접는 순서는 아래와 같습니다.

<접는 법>

① $A \rightarrow B$: 점 A가 점 B에 겹치도록 접어서 선분 $\overline{AB}$의 수직이등분선을 접습니다.
② '①'에서 접은 수직이등분선 위에 임의의 두 점 C, D를 잡습니다.
③ $C \rightarrow D$: 점 C가 점 D에 겹치도록 접어서 선분 $\overline{CD}$의 수직이등분선을 접습니다.

마. 도형의 선대칭

선분 l과 도형이 주어질 때, 주어진 도형의 선분에 대한 선대칭 도형을 만들 수 있습니다.

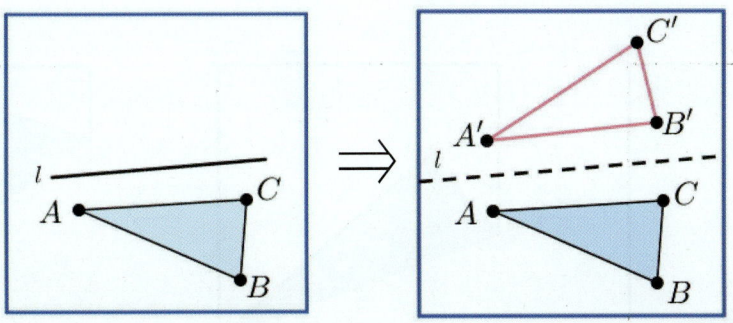

선분 l과 $\triangle ABC$가 주어져 있다고 하겠습니다. 이때 선분 l에 대한 점 A, B, C의 선대칭한 위치를 A', B', C'이라고 하면 이 점들을 연결한 도형인 $\triangle A'B'C'$이 바로 $\triangle ABC$의 선분 l에 대한 선대칭 도형입니다.

2 컴퍼스 접기

선분 밖의 한 점을 지나는 선분의 수직선 접기에서 이미 한번 사용한 컴퍼스 접기라는 방법이 있습니다. 아래 그림처럼 한 점 P를 고정하고 접는 방법을 말합니다.

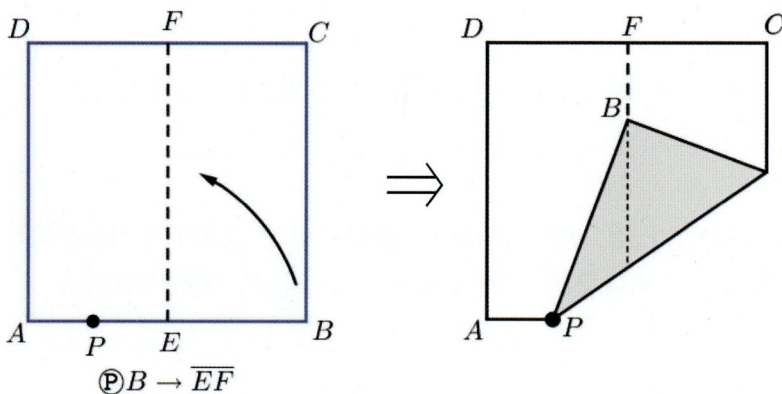

그럼 이 방법을 왜 컴퍼스 접기라고 부를까요? ⒷA→A′와 같이 점 B를 고정하고 A를 자유롭게 접어보겠습니다. 이때 점 A가 옮겨진 점 A'을 잘 살펴보세요.

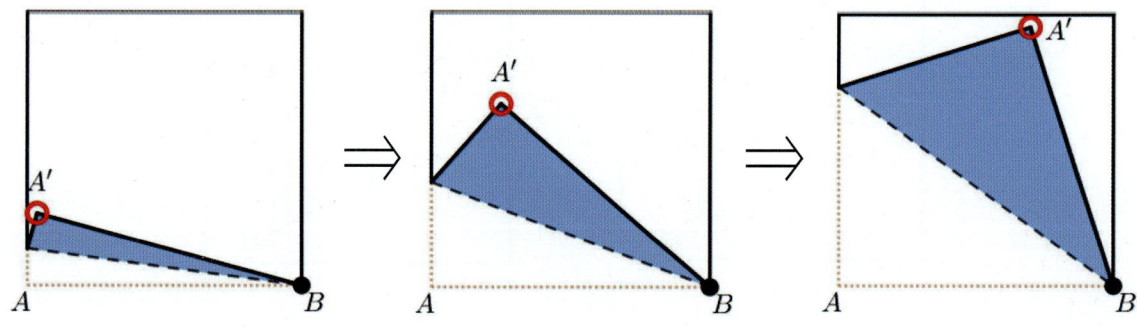

위 그림을 하나로 합쳐서 점 A'의 자취를 나타내면 아래 그림과 같습니다.

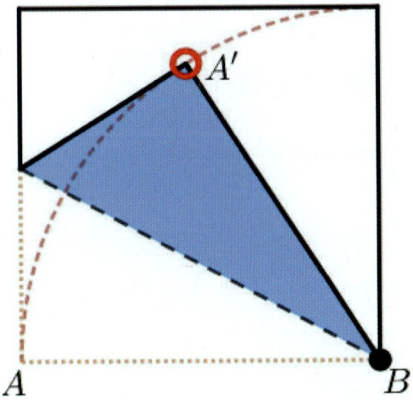

【컴퍼스 접기에서 점 A'의 자취】
(https://www.geogebra.org/m/ehcfxufa#material/ykfjshe3)

$\triangle ABC \equiv \triangle A'BC$이므로 항상 $\overline{AB} = \overline{A'B}$가 됩니다. 이때, 점 B를 고정하고 접고 있으므로 점 A'의 자취는 원호를 그리게 됩니다. 마치 컴퍼스를 대고 그리는 것처럼요.

이렇듯 종이접기를 이용하면 불연속적인 원을 그리는 것이 가능합니다.

이 사실은 앞으로 종이접기 속 수학을 탐구하는 데 있어 정말 중요한 역할을 하게 됩니다. 바로 활용해보죠.

3. 정삼각형 접기

조금 전에 종이접기에는 컴퍼스 접기를 이용해서 불연속적이지만 원을 그릴 수 있음을 확인했습니다. 이를 이용해서 정삼각형을 접어보겠습니다. 우선 자와 컴퍼스를 이용한 작도에서 정삼각형을 그리는 방법을 살펴보겠습니다.

가. 정삼각형의 작도

정삼각형을 작도하는 방법은 여러 가지가 있지만 정삼각형의 정의를 잘 보여주는 작도법은 아래와 같습니다.

<작도 순서>

① 선분 $\overline{AB}$를 그린다.
② 중심이 점 A이고 반지름이 $\overline{AB}$인 원을 하나 그린다.
③ 중심이 점 B이고 반지름이 $\overline{AB}$인 원을 하나 그린다.
④ 두 원의 교점 중 하나를 C라 하고 △ABC를 그리면 정삼각형이 된다.

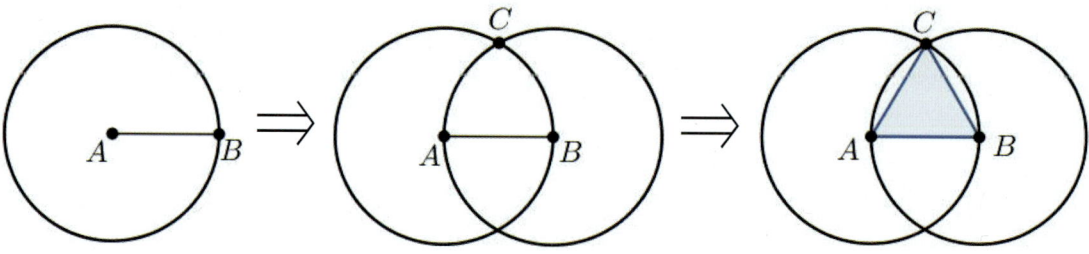

이 방법은 선분의 수직이등분선을 작도할 때 쓰는 방법과 같습니다. 따라서 점 C는 선분 $\overline{AB}$의 수직이등분선 위에 있습니다. 자, 이제 이 점을 이용해서 정삼각형을 색종이로 접어봅시다.

나. 정삼각형 접기

정삼각형 접기는 위의 작도 방법을 그대로 이용합니다.

<접는 법>

① $\overline{AD} \to \overline{BC}$: 세로로 된 중선을 접습니다.

② Ⓐ$B \to \overline{EF}$: 점 A를 고정하고 점 B를 $\overline{EF}$ 위로 접는 컴퍼스 접기를 한다. 이때, 점 B를 옮긴 점을 B'이라고 하자.

③ $\triangle ABB'$: $\overline{AB'}$과 $\overline{BB'}$을 각각 접으면 $\triangle ABB'$이 바로 정삼각형이 된다.

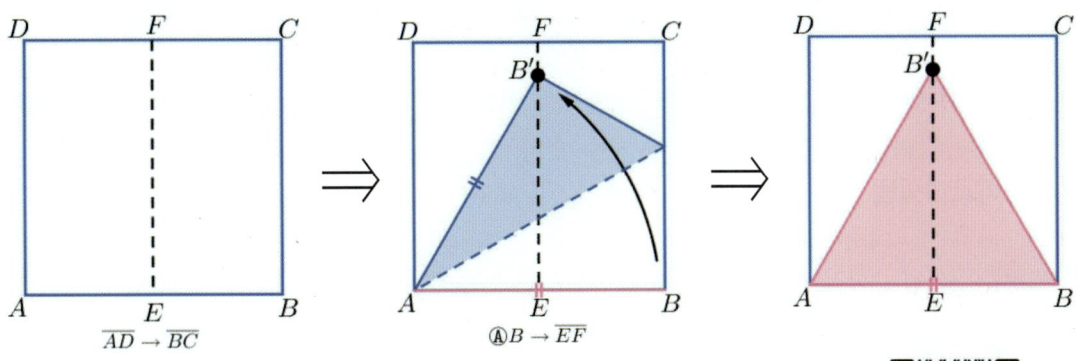

[정삼각형 접기]

(https://www.geogebra.org/m/ehcfxufa#material/mxvt3dp8)

과정을 수학적으로 분석해볼까요?

  Ⓐ$B \to \overline{EF}$를 접으면서 자연스럽게 점 A가 중심이고 $\overline{AB}$가 반지름인 원호를 그리게 됩니다. 이때, $\overline{AB}$의 수직이등분선 위에 점 B가 회전이동한 점을 B'이라 두면, 자연스럽게 작도로 정삼각형의 꼭짓점을 찾는 것과 같은 결과를 얻게 됩니다. Ⓑ$A \to \overline{EF}$를 하더라도 같은 위치 B'에 도달하게 되기 때문에 $\triangle B'AB$는 정삼각형임을 알 수 있습니다.

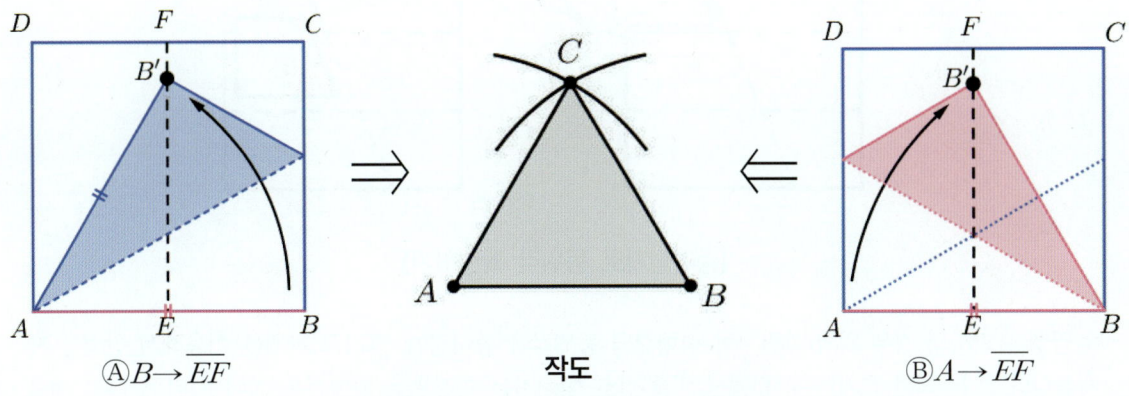

[정삼각형의 작도와 컴퍼스 접기의 비교]

Ⅱ. 학교 수학과 종이접기 **35**

4 교과서 속 종이접기 활동

　수학 교과서 속에는 다양한 종이접기 활동이 소개되고 있습니다. 단순히 도형의 모양을 보고 작품을 만드는 것부터 학습한 수학적 개념을 이용할 수 있는 활동까지 여러 가지를 제시합니다. 이번 장에서는 교과서 속에서 소개되는 종이접기를 살펴보면서 어떤 수학적 성질을 담고 있는지 살펴보겠습니다.

가. 중학교 1학년

　도형들이 가진 수학적 성질을 먼저 종이로 접은 뒤 이를 일반화하는 수단으로 종이접기가 이용되고 있습니다.

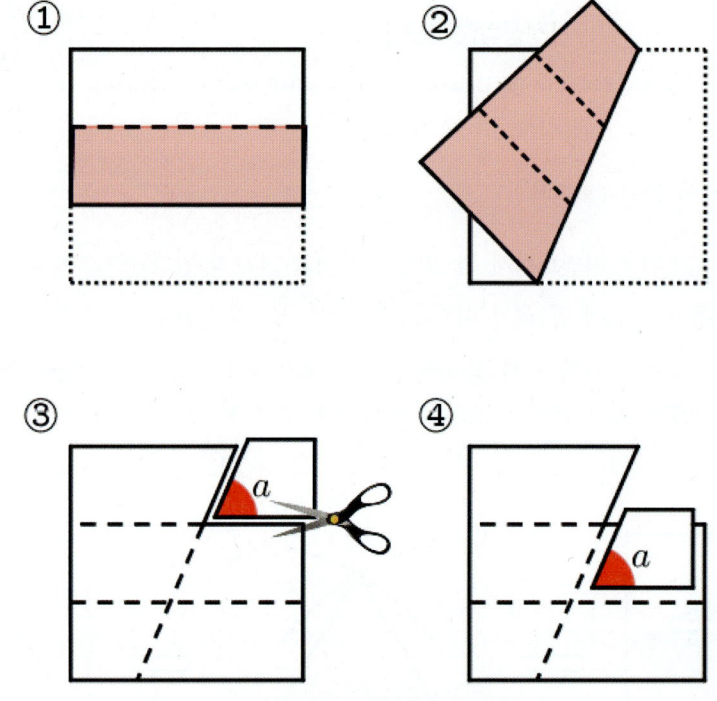

【종이접기로 동위각 확인하기】

　금성 출판사의 경우 위의 그림처럼 평행선의 동위각을 종이접기, 그리고 가위를 이용해서 방법을 제시합니다. ①[수직선 접기] → [평행선 만들기]로 이어지는 과정으로 평행선을 접어낸 뒤 ②다른 선을 하나 더 접어서 ④동위각과 엇각을 살펴볼 수 있는 활동을 제시합니다.

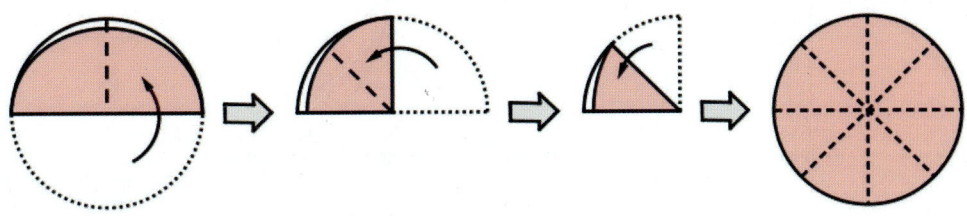

【종이접기로 동위각 확인하기】

대부분의 출판사의 경우 부채꼴의 성질을 학습하기 위해 도입 활동으로 원 모양 색종이를 접어서 호의 길이와 중심각의 크기가 비례관계에 있음을 확인하는 활동을 제시합니다. [각의 이등분선 접기]를 이용하여 계속 합동인 부채꼴(원호)를 접어냅니다.

정다각형의 작도를 종이접기로 재해석해 원 모양 색종이를 이용해서 정다각형 접기를 제시하는 교과서도 있습니다.

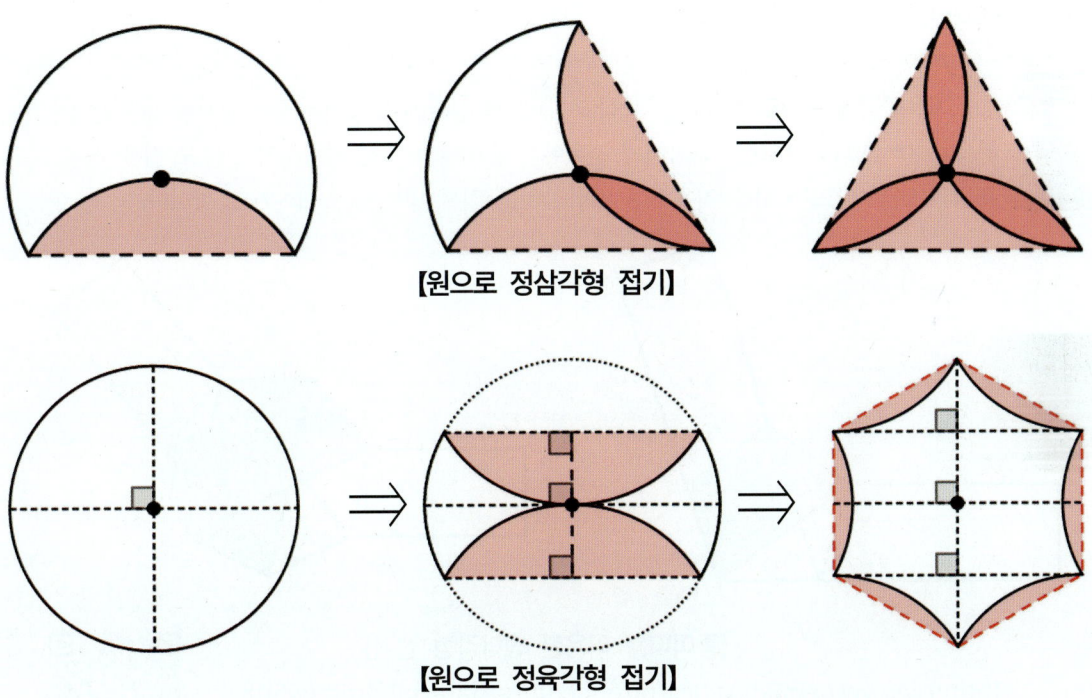

【원으로 정삼각형 접기】

【원으로 정육각형 접기】

Ⅱ. 학교 수학과 종이접기 37

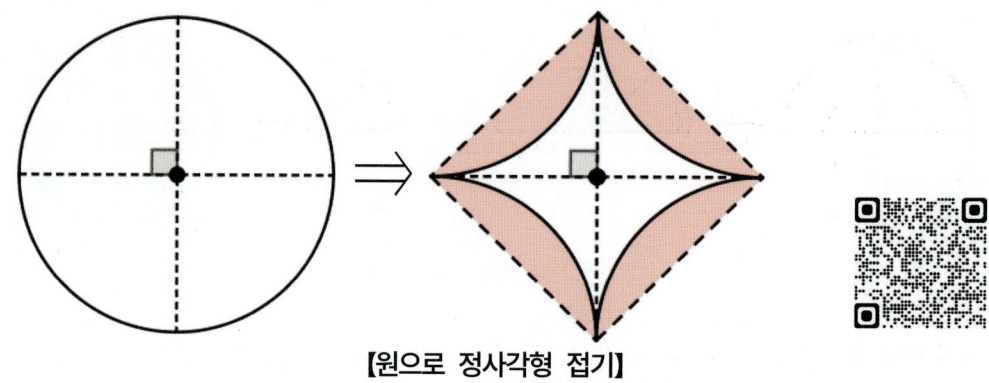

【원으로 정사각형 접기】
(https://www.geogebra.org/m/ehcfxufa#material/xjd4nkuk)

신사고의 교과서의 경우 원, 부채꼴의 성질을 활용해서 정삼각형, 정사각형, 정육각형의 접기를 제시하고 이를 확인하도록 합니다. 정사각형 접기는 [수직이등분선 접기]를 사용하여 만듭니다. 정삼각형 접기와 정육각형 접기는 [수직이등분선 접기]와 함께 [정삼각형의 중심의 성질]을 이용하여 접어나가고 있습니다.

이외에도 자유학기제를 주로 실시하는 중학교 1학년의 상황에 맞추어서 종이접기를 활용할 수 있는 다양한 활동을 제시합니다. 미래엔 교과서의 경우에는 종이띠의 폭을 변형시키지 않고 접을 경우, 폭의 너비가 도형의 변을 만드는 점을 이용하여 정다각형을 접는 방법을 소개하기도 합니다.

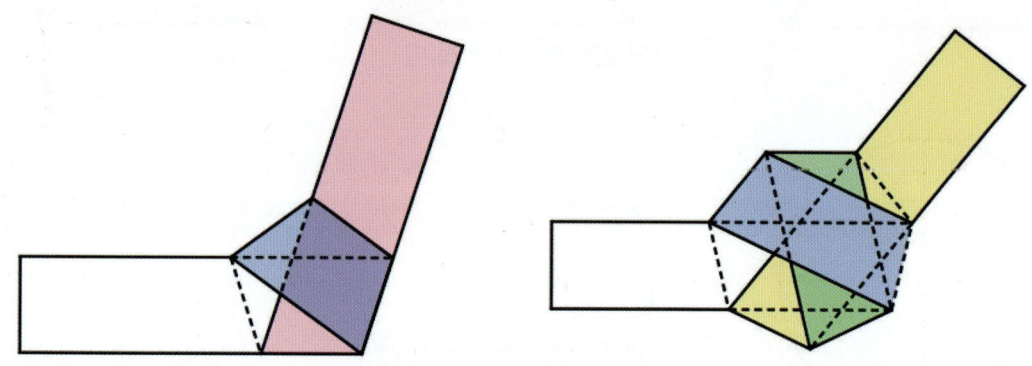

【종이띠를 이용한 정다각형 접기】
(https://www.geogebra.org/m/ehcfxufa#material/gmkffw5u)

교학사의 경우 종이접기가 가진 [선대칭]을 이용해 「합동인 삼각형을 이용한 문양만들기」 활동을 할 수 있는 자료를 제시합니다. 종이를 접을 때마다 선대칭으로 인해 합동인 도형이 나타나고, 가위질을 함으로써 선대칭이 만드는 신기한 문양들을 만드는 방법을 소개합니다.

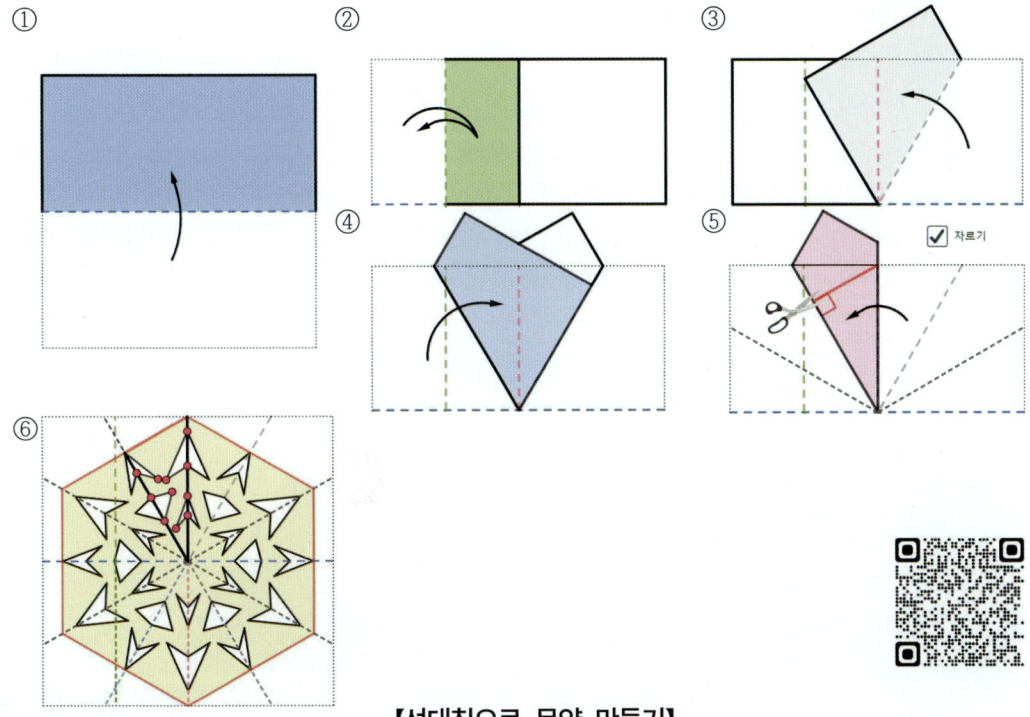

【선대칭으로 문양 만들기】

(https://www.geogebra.org/m/ehcfxufa#material/fcaqsa3c)

또, 직접 접는 것은 아니지만 벌집 모양 종이를 이용하여 회전체의 성질을 탐구하는 활동을 제시하는 예도 있습니다. 지학사 교과서의 경우에는 요술 종이 (혹은 허니컴 종이)라는 펼쳤을 때 벌집 모양이 나타나는 종이를 서로 붙여서 회전체를 만들고 관찰하면서 회전체의 성질을 탐구하는 활동을 제시하면서 학생들의 사고의 폭을 넓히고 있습니다. 이를 수업에 활용하여 회전체의 성질을 정리하는 활동으로 수업을 하는 예도 있습니다.

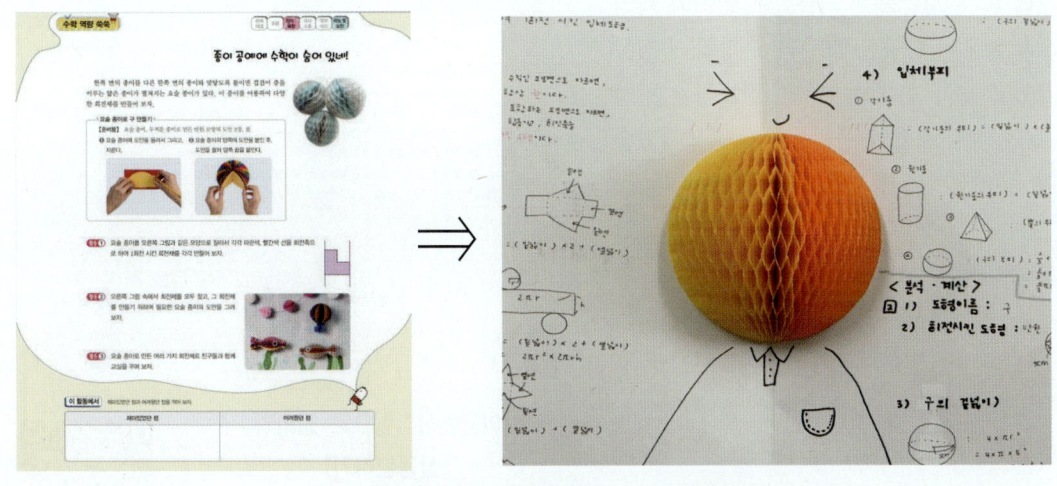

【「회전체 정리하기」 활동 수업 결과물】

나. 중학교 2학년

본격적으로 삼각형, 사각형, 평행선의 성질의 배우기 시작하는 학년이 중학교 2학년입니다. 특히 이 단계에서 배우는 중요 개념인 삼각형의 외심, 내심, 무게중심, 이등변삼각형, 직사각형, 마름모, 평행선의 성질에는 각의 이등분, 선분의 이등분, 수직선이 주로 사용되기 때문에 종이접기로 확인하기에 좋은 내용들입니다. 어떤 방식으로 활용하고 있는지 살펴보도록 하겠습니다.

먼저 이등변삼각형입니다. 이등변삼각형은 두 변과 두 밑각이 같은 성질 때문에 종이접기로 접근하기에 좋은 소재입니다. 두산동아, 금성, 비상교육, 미래엔, 신사고, 천재교육의 교과서는 종이를 접고 자르는 방법을 통해서 이등변삼각형을 접할 수 있도록 활동을 구성하고 있습니다.

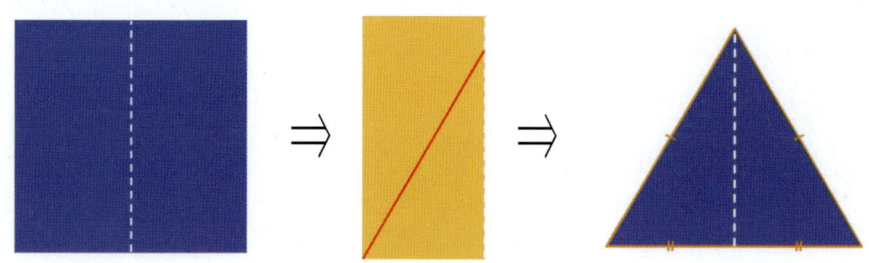

【이등변삼각형 만들기】
(https://www.geogebra.org/m/ehcfxufa#material/qpjgpdmt)

이외에 미래엔 교과서의 경우 더보기 자료로서 작도 3대 불능 문제 중 하나인 임의의 각의 3등분 문제의 해결을 제시합니다. 고대로부터 많은 사람들을 괴롭혔던 임의의 각의 3등분 문제는 다양한 도구와 수학의 발전을 이끌었고 결국 현대에 이르러 작도라는 방법을 통해서는 해결이 불가능함이 증명되었습니다. 종이접기는 공리들 중 작도보다 더 강력한 수단을 가정하고 있기에 종이접기의 방법으로 임의의 각의 3등분이 가능합니다. 교과서는 종이를 접어서 이 문제를 해결하는 과정에서 이등변삼각형이 어떻게 사용되고 있는지를 보여주고 있습니다.

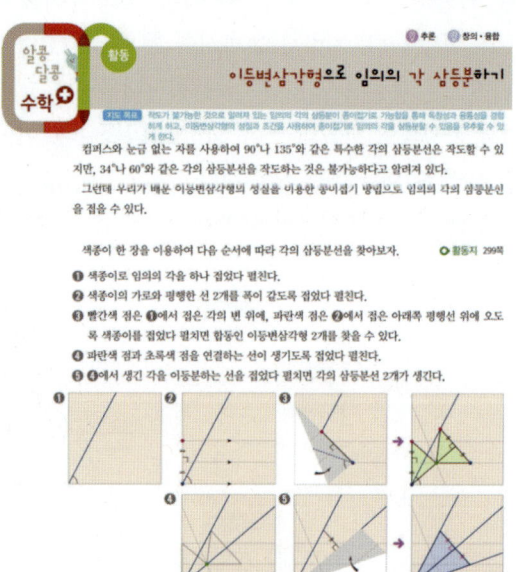

【이등변삼각형으로 임의의 각 삼등분하기】
(https://www.geogebra.org/m/ehcfxufa#material/ryssq9mu)

삼각형의 외심과 내심은 각각 변의 수직이등분선, 각의 이등분선을 이용해서 찾아냅니다. 종이접기에는 각각을 바로 찾을 수 있습니다. 그래서 모든 교과서가 이 부분은 도입과제로 종이접기를 활용하는 것을 추천하고 있습니다.

◆ 삼각형의 외심을 종이접기로 찾는 법 ◆

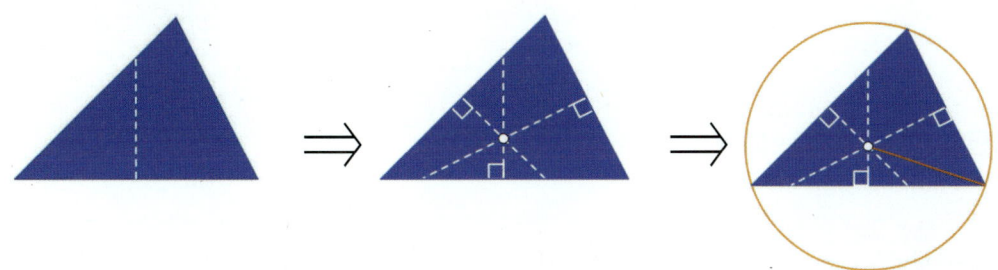

【종이접기로 찾는 외심】
(https://www.geogebra.org/m/ehcfxufa#material/k2qtrvkt)

◆ 삼각형의 내심을 종이접기로 찾는 법 ◆

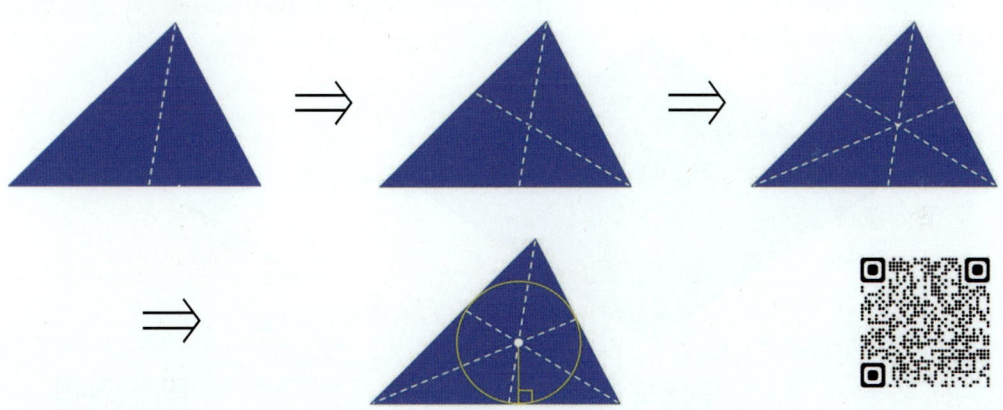

【종이접기로 찾는 내심】
(https://www.geogebra.org/m/ehcfxufa#material/k2qtrvkt)

중학교 2학년 도형 단원의 다음은 사각형들입니다. 평행사변형, 직사각형, 마름모, 등변사다리꼴, 정사각형 등의 도형들을 정의하고 그 성질들을 확인해보고 있습니다. 대부분 종이접기보다는 종이를 자르는 활동을 주로 제시합니다. 하지만 마름모의 경우는 그 특수성 때문에 많은 교과서에서 이등변삼각형처럼 종이를 접어서 자르는 방법을 활동하고 개념을 학습하는 것을 추천합니다. 마름모의 대각선, 변이 가진 성질을 이등변삼각형의 성질을 이용하여 증명합니다. 따라서 이등변삼각형처럼 마름모를 만드는 활동을 통해, 학생들이 마름모의 성질을 정당화할 때 이등변삼각형을 사용하는 것을 떠올리도록 돕습니다.

◆마름모 접어서 만드는 법◆

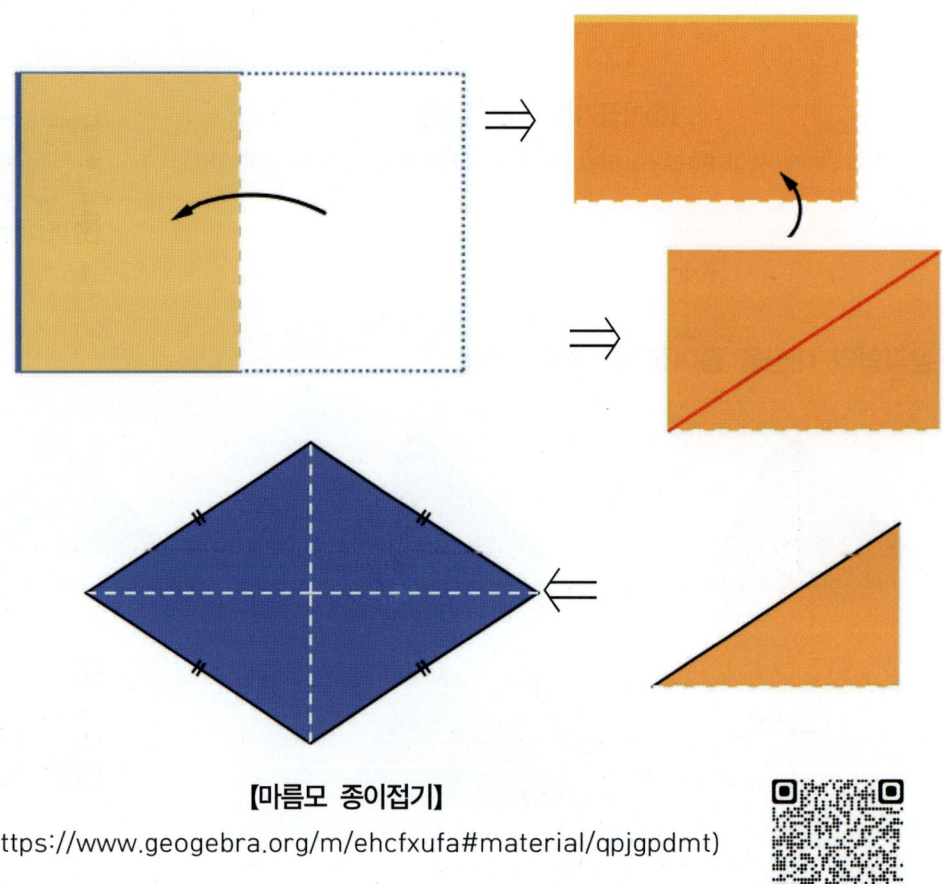

【마름모 종이접기】
(https://www.geogebra.org/m/ehcfxufa#material/qpjgpdmt)

삼각형의 닮음 단원은 닮은 도형들의 크기가 서로 달라서 종이접기와 관련이 없을 것으로 보이지만, 닮음을 활용하는 문제를 종이접기로 제시할 수 있습니다. 신사고, 지학사, 비상교육 출판사의 교과서는 A4용지 2장만을 이용해서 종이를 n등분하는 법을 제시하고 있습니다.

◆자를 사용하지 않고 종이를 삼등분하는 법◆

준비물 : A4용지 2장 (각각 A4용지(1), A4용지(2))

<접는 법>

① A4용지(1) 1장을 반으로 접고 다시 한번 더 반으로 접어서, 접은 선이 모두 평행하게 만들어 사등분 하자.
② A4용지(2)를 A4용지(1) 위에 올려 왼쪽 아래 꼭짓점끼리 서로 맞닿도록 한 뒤, 대각선 방향 꼭짓점을 가장 윗 쪽의 접은 선 위로 옮기자.
③ 다른 접은 선이 A4용지 (2)의 변과 만나는 변에 점으로 표시하자.
④ 3에서 표시한 점에서 변에 대한 수직선을 각각 접자.

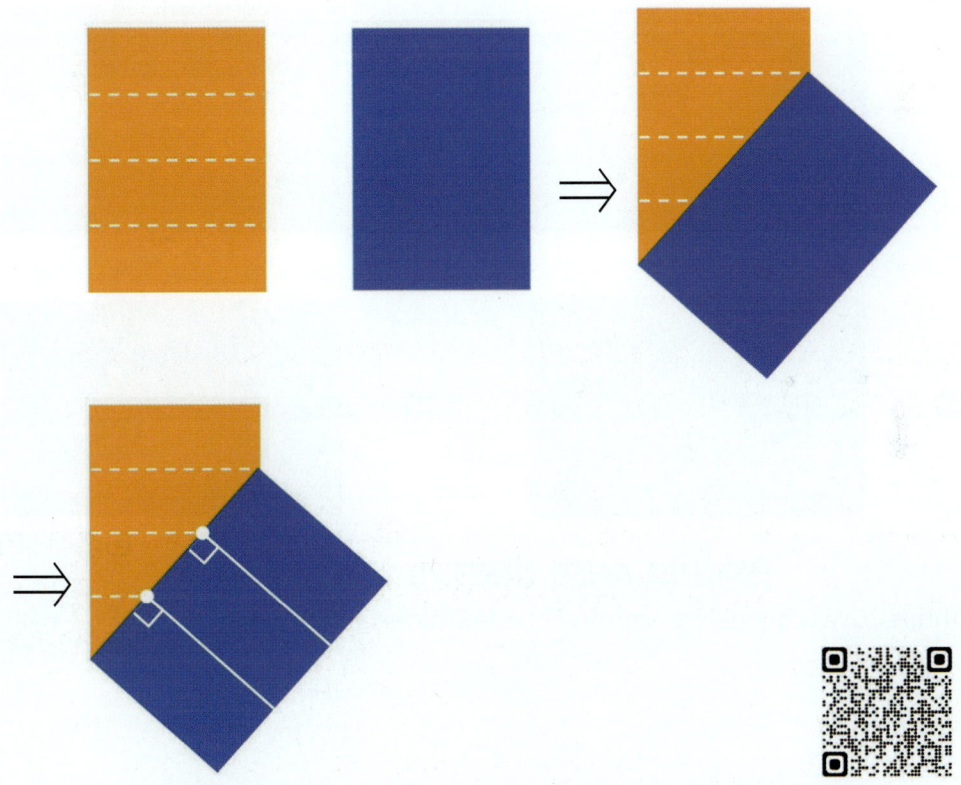

【자를 사용하지 않고 종이 2장으로 종이를 삼등분하는 방법】
(https://www.geogebra.org/m/ehcfxufa#material/muurqahu)

다른 방법도 있습니다. 지학사 교과서의 경우 종이 1장으로 접는 방법을 제시합니다.

◆종이 1장으로 종이를 삼등분하는 법◆

준비물 : A4용지 2장

<접는 법>

① A4용지의 세로 중선을 접는다. A4용지는 2개의 합동인 직사각형으로 분할되었다.
② A4용지의 / 방향 대각선을 접는다.
③ '①'에서 만든 2개의 직사각형에서 \ 방향 대각선을 각각 접는다.
　\ 방향 대각선과 '②'의 대각선의 교점 2개를 각각 찾아 표시한다.
④ '③'에서 표시한 2개의 점을 지나면서 밑변과 수직인 선분을 2개 접는다.
　이로서 종이를 3등분하였다.

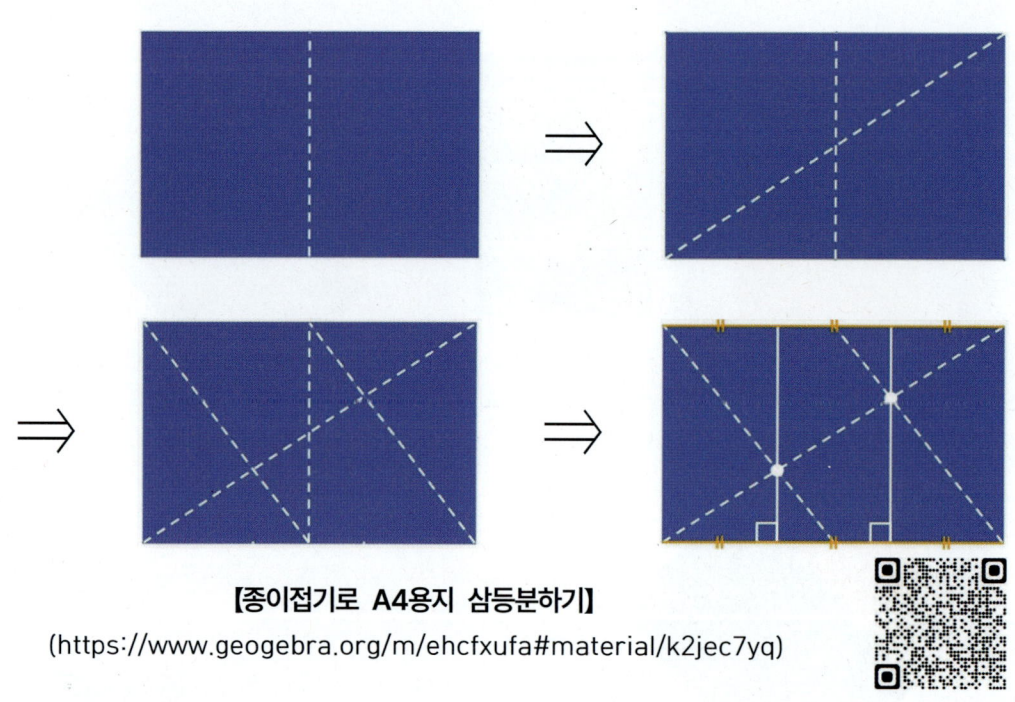

【종이접기로 A4용지 삼등분하기】
(https://www.geogebra.org/m/ehcfxufa#material/k2jec7yq)

무게중심을 찾는 활동도 종이접기로 제시하는 교과서들이 있습니다. 미래엔 외 2종의 교과서는 종이접기를 통해 무게중심을 찾도록 안내합니다. 다만 각 변의 중점을 찾는 과정까지 종이접기로 제시하면 그림이 많아지기 때문에, 중점을 찾아 접는 과정은 설명문 속에만 넣어두고 그림은 중선을 접는 것만으로 안내합니다.

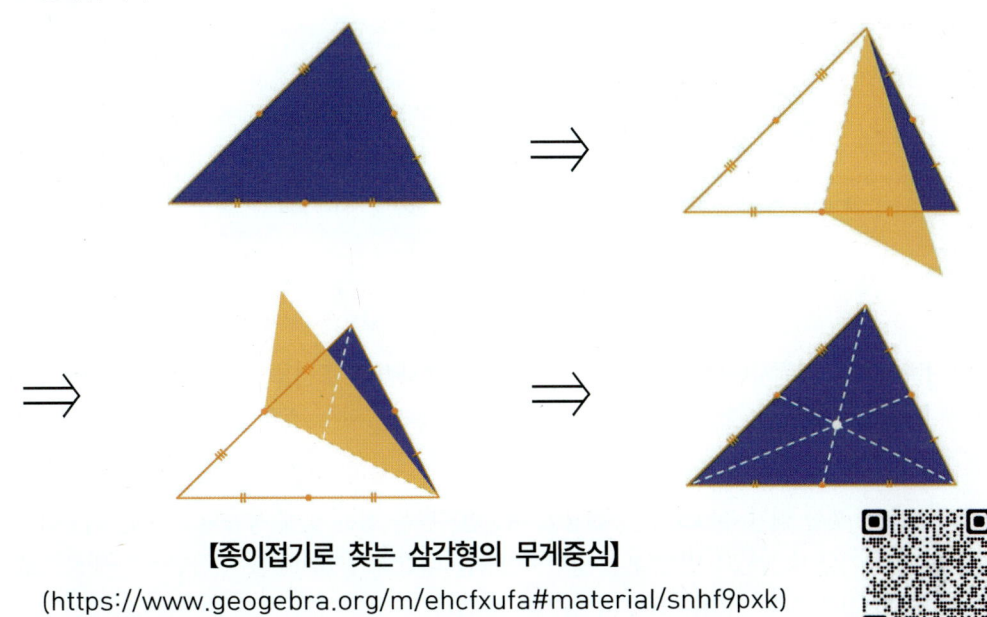

【종이접기로 찾는 삼각형의 무게중심】
(https://www.geogebra.org/m/ehcfxufa#material/snhf9pxk)

수학 교과서를 통해 가르치는 무게중심(centroid)은 "삼각형 중선들의 교점"이라는 기하학적인 개념입니다. 원래 무게중심의 경우 물리학에서 출발하였고, 물리 분야에서는 질량중심(center of mass 또는 center of gravity)이라고도 합니다. 삼각형의 경우, 매질의 밀도가 균일하다고 가정하면 기하학의 무게중심과 물리학의 질량중심이 일치합니다. 이점을 이용해 여러 선생님들은 이 단원 수업을 하면서 다양한 활동을 시도합니다. 실을 무게중심에 연결하여 모빌처럼 매달 수도 있고, 팽이심을 연결한 뒤 돌려서 치우침 없이 꼿꼿하게 서 있는 모습을 관찰할 수도 있습니다.

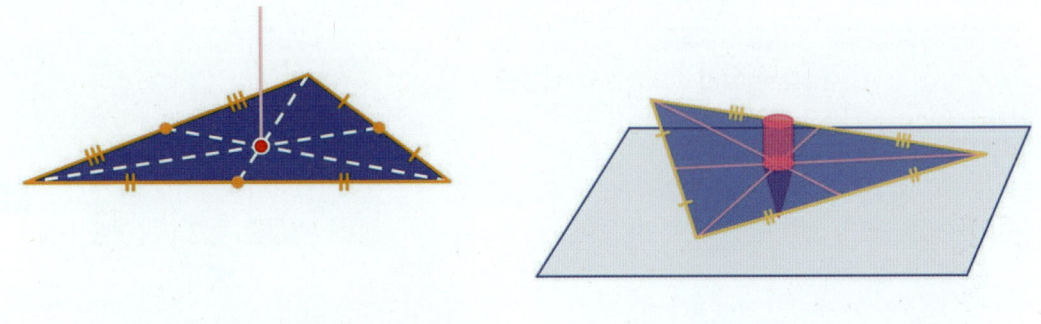

【무게중심에 실을 매달은 모습】　　　　【팽이심을 연결해 돌리는 모습】

Ⅱ. 학교 수학과 종이접기

그 외에도 천재교육 교과서의 경우 종이띠를 이용해서 평행사변형을 만드는 추가 활동이나 동서남북 접기와 평행사변형의 성질을 이용해서 즐겁게 활동하며 학습하는 방법을 소개하고 있습니다.

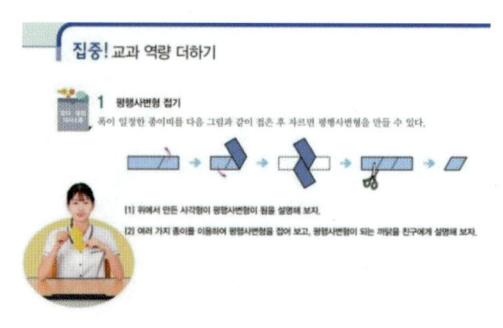
【종이띠로 평행사변형 접기】
*사진출처 : 중학교 수학2 (천재교육)

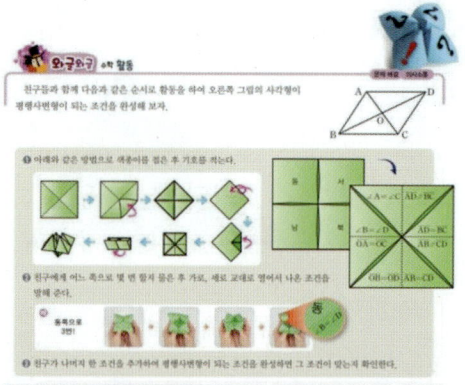
【평행사변형 조건을 공부하는 동사남북 놀이】
*사진출처 : 중학교 수학2 (천재교육)

교학사의 경우는 추가 읽기 자료로 인공위성의 태양전지판을 접는 곳에 응용되고 있는 미우라 접기와 입체 카드 만들기를 소개하고 있습니다. 평행사변형을 대칭과 평행이동을 이용한 쪽매맞춤으로 종이에 채운 모양의 접은 선을 가지는 미우라 접기는 손쉽게 종이를 접고 펼칠 수 있는 특징을 가지고 있습니다. 입체 카드와 미우라 접기 모두 평행사변형이 이용되는 대표적인 종이접기입니다.

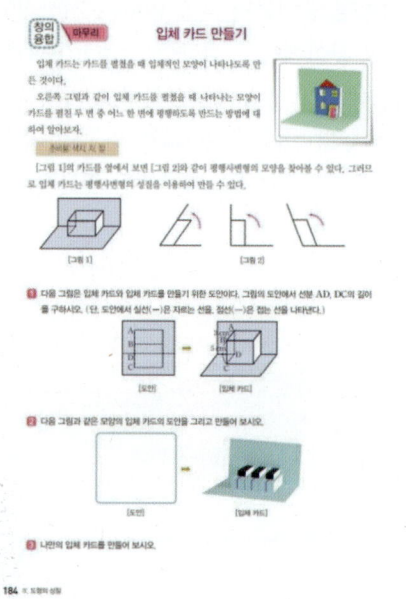
【입체 카드 만들기】
*사진출처 : 중학교 수학2 (교학사)

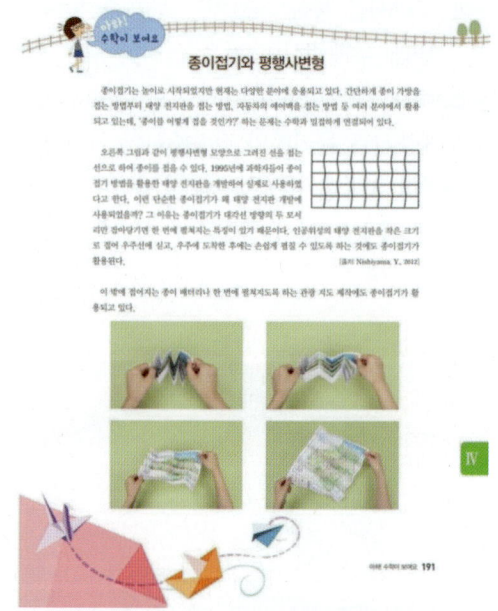
【종이접기와 평행사변형】
*사진출처 : 중학교 수학2 (교학사)

다. 중학교 3학년

종이접기가 많이 소개되었던 중학교 2학년 수학교과서와는 달리 중학교 3학년 교과서에서는 그리 많은 내용이 소개되지는 않습니다. 종이접기로 확인 가능한 단원들이 있어 그 단원에서는 적극적으로 활용이 가능합니다.

먼저 두산동아 출판사의 경우 제곱근과 실수 단원의 도입과제로 종이접기로 제곱근의 길이를 유도해보도록 하는 활동을 제시합니다.

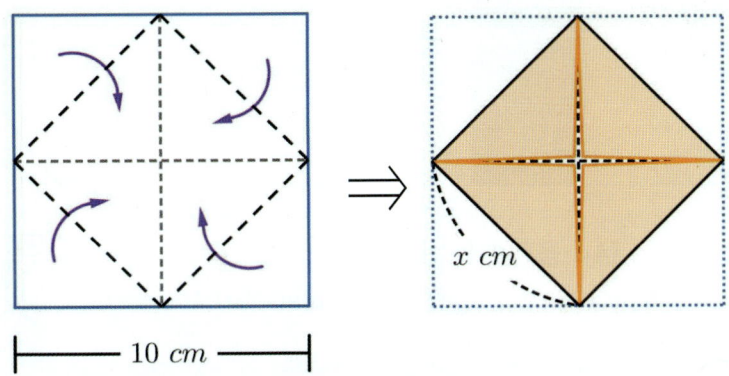

【종이를 접어 만든 사각형의 한 변의 길이는?】

특히 인쇄용으로 가장 자주 사용하는 A4 용지의 길이비를 이용해 그 길이비가 $1 : \sqrt{2}$ 임을 유도하고, 이를 종이접기로 확인하는 활동을 제공하는 교과서들도 있습니다. 두산동아와 지학사가 바로 그 출판사들입니다.

먼저 두산동아에서는 A4용지를 2장을 준비한 뒤, 1장만을 접고 다른 종이와 서로 겹쳐서 긴 변의 길이가 $\sqrt{2}$ 임을 확인할 수 있는 활동을 제시합니다.

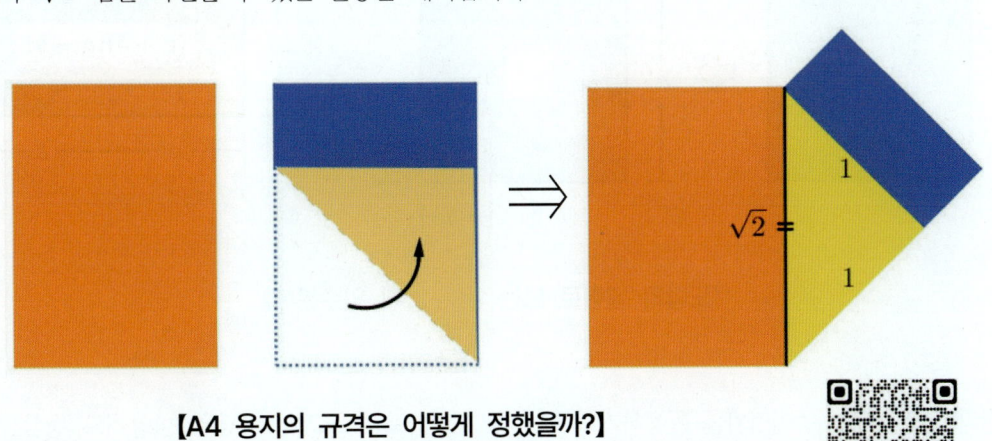

【A4 용지의 규격은 어떻게 정했을까?】
(https://www.geogebra.org/m/ehcfxufa#material/fcgh9wcg)

반면에 지학사에서 소개하는 활동은 A4용지를 1장만 사용합니다. 45°인 각을 만드는 각의 이등분선을 1번 접어서 길이가 $\sqrt{2}$인 대각선을 만들고, 다시 크기가 22.5°인 각을 만드는 각의 이등분선을 접어서 긴변과 길이가 $\sqrt{2}$인 대각선이 서로 겹치도록 만듭니다. 같은 각의 이등분선을 접는 것처럼 보이지만, 2번째 접기는 서로 변이 겹치는 것을 목적으로 하기에 이 접기 방법 또한 컴퍼스 접기입니다.

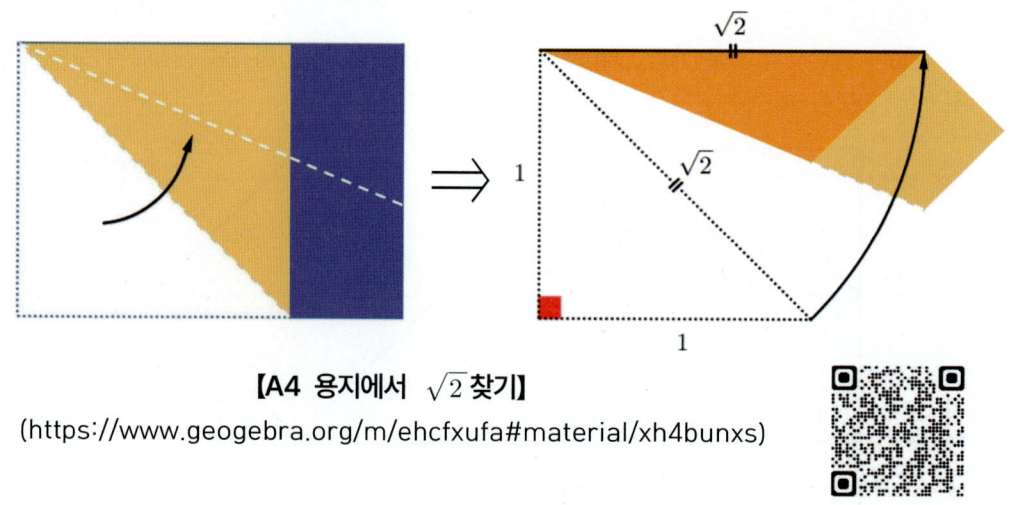

【A4 용지에서 $\sqrt{2}$ 찾기】
(https://www.geogebra.org/m/ehcfxufa#material/xh4bunxs)

인수분해 단원에서 종이접기의 방법을 활용하는 교과서도 있습니다. 두산동아와 교학사의 교과서는 $a^2 - b^2$의 인수분해를 정사각형 색종이를 접은 뒤 잘라서 재조립한 새로운 직사각형의 넓이에서 유도하도록 설명합니다.

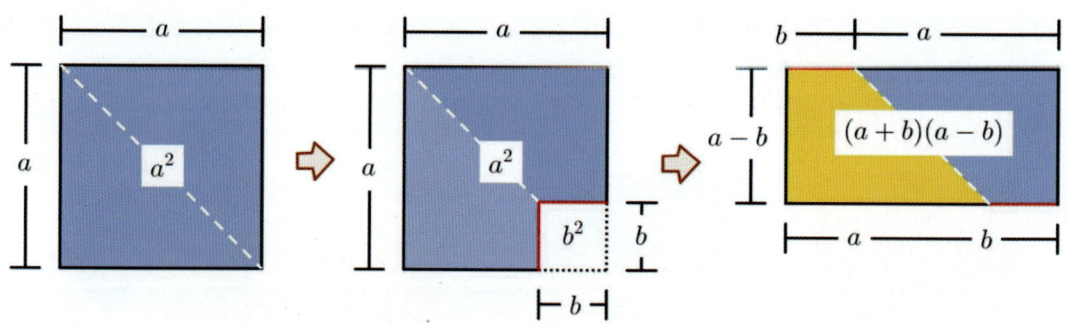

【도형의 넓이로 보는 $a^2 - b^2$의 인수분해】

삼각비 단원에서 종이접기를 활용하기도 합니다. 비상교육의 교과서의 경우 A4용지로 정삼각형을 접는 법을 소개합니다. 이 방법은 종이접기 공예에서 가장 많이 사용되는 방법이기도 합니다. 이 종이접기는 위에서 설명한 「컴퍼스 접기」와 이를 활용한 「정삼각형 접기」가 사용되는 활동입니다.

1단계에서 "ⓑ $C \to MN$의 수직이등분선"이라는 컴퍼스 접기를 하는 순간, 30°와 60°를 접을 수 있게 됩니다.

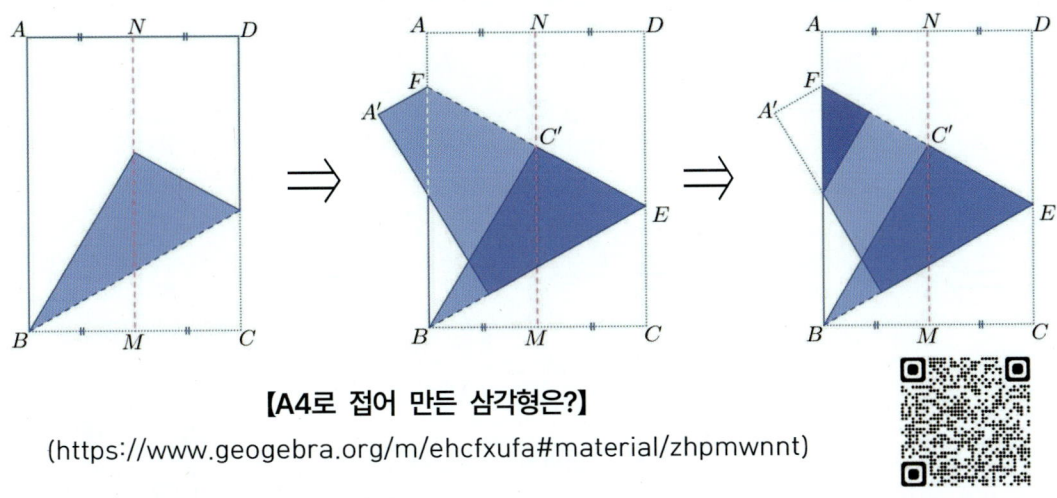

[A4로 접어 만든 삼각형은?]
(https://www.geogebra.org/m/ehcfxufa#material/zhpmwnnt)

도형에 대해 본격적으로 다루는 원 단원에서는 종이접기로 도입하는 활동들이 많이 있습니다. 금성, 교학사, 두산동아, 천재교육, 지학사, 미래엔, 비상교육의 교과서는 원의 현의 성질에 대한 활동을 종이접기로 도입합니다.

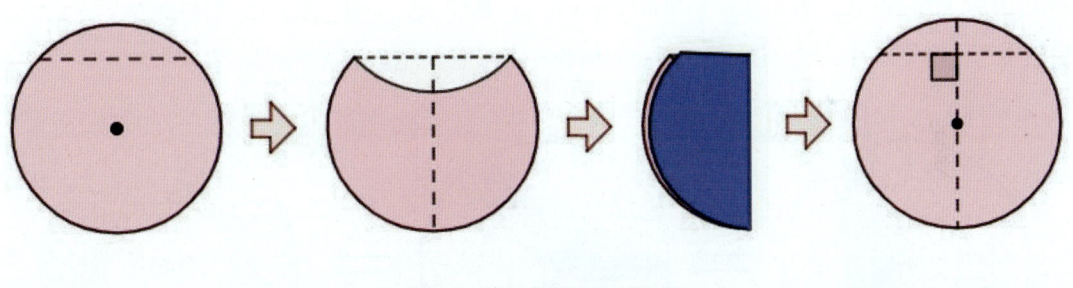

[현의 수직이등분선 접기]

원에서 같은 길이의 현을 만드는 데 사용하기 좋은 방법도 종이접기입니다. 종이접기를 통해 「대칭」을 사용할 수 있으니까요. 천재교육, 금성 출판사의 교과서에서는 「원의 중심으로부터 길이가 같은 두 현까지 떨어진 거리는 항상 같다.」는 명제를 종이접기로 확인하는 활동을 제시합니다.

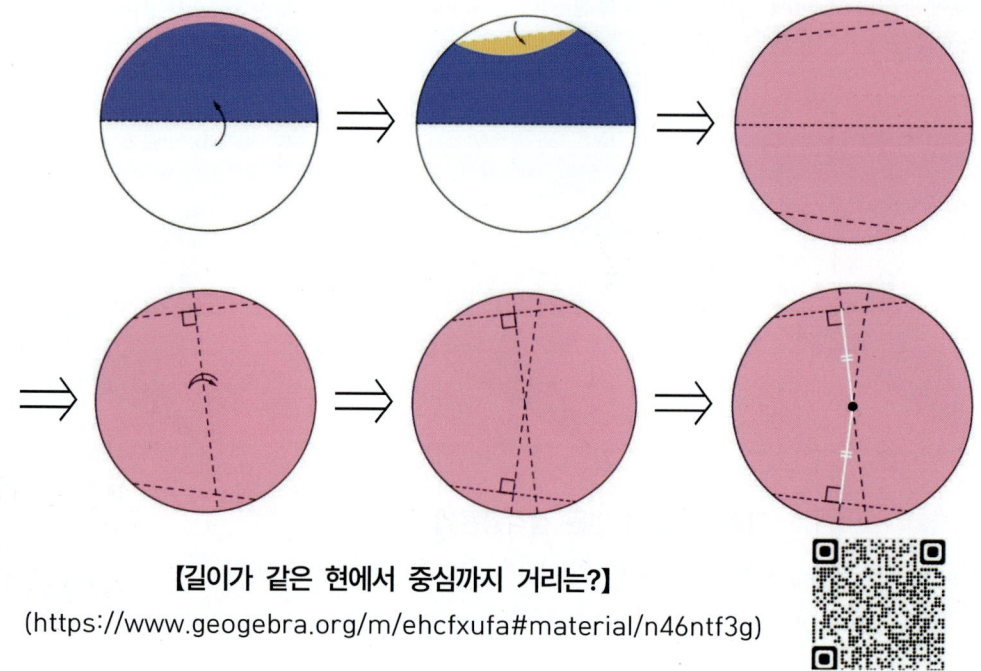

【길이가 같은 현에서 중심까지 거리는?】
(https://www.geogebra.org/m/ehcfxufa#material/n46ntf3g)

위 명제의 역인 「원의 중심으로부터 같은 거리에 떨어진 현의 길이는 항상 같다.」을 이용하는 내용을 출판사마다 서로 다른 활동으로 제시하기도 합니다. 두산동아의 교과서는 정다각형 접기를 제시하여 이를 확인할 수 있도록 하고 있고, 비상교육의 교과서는 원으로 다시 원을 접는 활동을 제시하여 접은 선의 자취와 그 이유를 탐구하도록 합니다. 특히, 비상교육 교과서의 활동은 고등학교 기하 단원에서도 사용할 수 있는 활동으로, 원을 이용해서 타원을 접는 방법이기도 합니다.

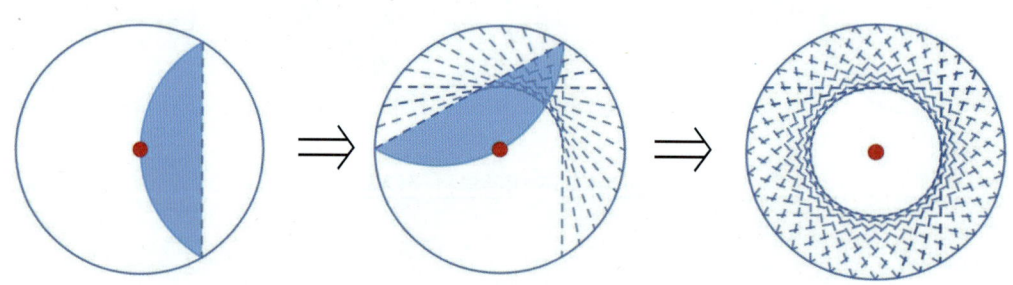

【원으로 새로운 원 접기】
(https://www.geogebra.org/m/ehcfxufa#material/gnua7het)

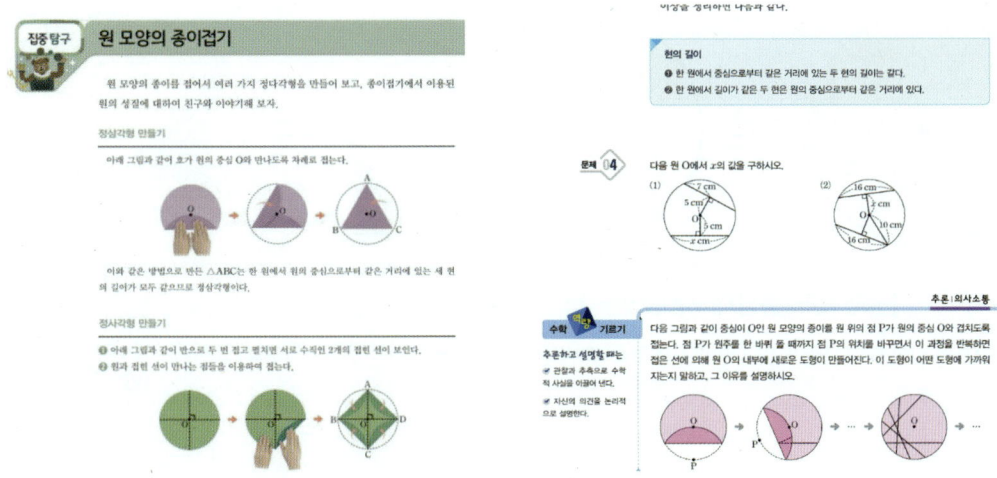

【원 모양의 종이접기 (정다각형)】
*사진출처 : 중학교 수학3 (두산동아)

【원 중심을 지나도록 반복해서 접기】
*사진출처 : 중학교 수학3 (비상교육)

투명한 종이를 이용해서 「원 밖의 한 점에서 원에 그은 접선의 접점까지의 거리가 항상 같다.」는 것을 종이를 접어서 확인하는 활동을 실은 교과서도 있습니다. 미래엔 교과서의 경우 투명한 종이 위에 원과 원 밖의 한 점, 접선을 그린 뒤 이를 접어 위 명제를 확인하는 활동으로 원과 접선 단원을 시작합니다.

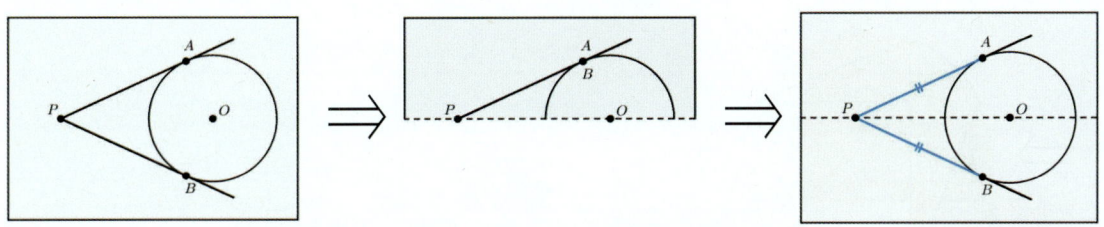

【원의 접선은 어떤 성질을 갖는가?】
(https://www.geogebra.org/m/ehcfxufa#material/aq5s5wf6)

「한 원호에 대해 원주각의 크기와 중심각의 크기를 비교하기」는 무엇보다도 직접 종이를 자르고 접는 직접적인 조작 활동으로 확인하는 활동이 어울리는 단원입니다. 금성, 천재교육의 교과서는 이 부분을 종이를 자르고 접는 활동으로 도입합니다.

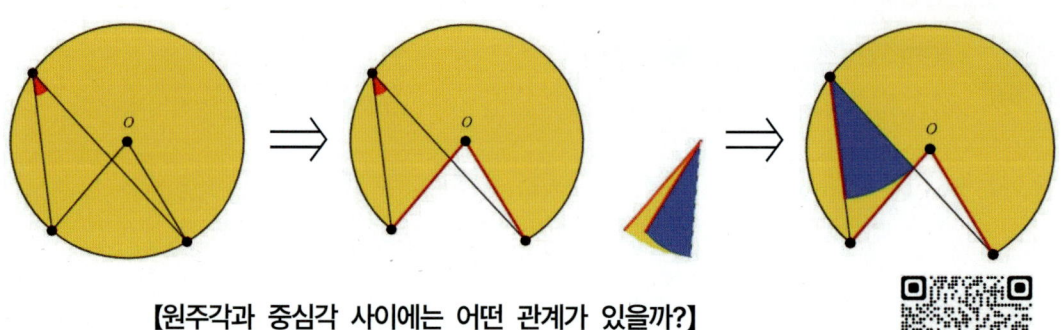

【원주각과 중심각 사이에는 어떤 관계가 있을까?】
(https://www.geogebra.org/m/ehcfxufa#material/cekhmhac)

「원주각의 크기가 같을 때 원호의 길이 비교」에 대한 활동도 마찬가지입니다. 삼각자와 원모양 종이, 가위가 주어지면 이를 직관적으로 확인할 수 있는 훌륭한 활동이 됩니다. 천재교육 교과서에서 제시하는 방법이 바로 이것입니다.

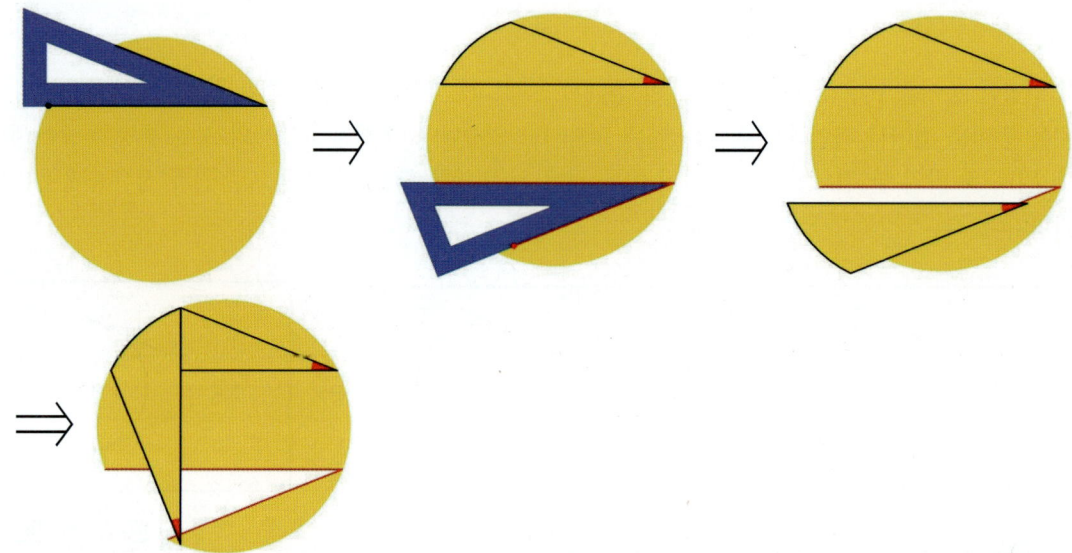

【원주각과 호의 길이 사이에는 어떤 관계가 있을까?】
(https://www.geogebra.org/m/ehcfxufa#material/guhb9wrw)

「네 점이 한 원 위에 있을 조건」에서도 종이접기는 생각의 폭을 넓히는 데에 유용합니다. 금성 출판사의 교과서는 평행사변형 종이를 접는 활동을 제시하면서, 네 점이 한 원 위에 있기 위해 필요한 요소를 다시 한번 생각해보는 기회를 제공합니다.

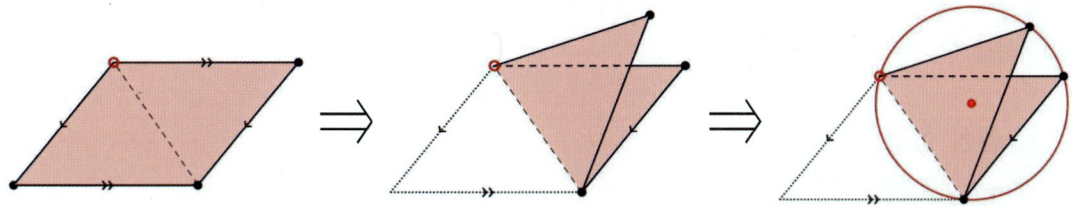

【평행사변형을 접어 만든 네 점은 한 원 위에 있을까?】
(https://www.geogebra.org/m/ehcfxufa#material/xnvpdhgh)

이 활동은 특히 공부하는 학생들에게 다음의 두 가지 생각해볼 거리를 제공하기에 좋은 활동입니다.

(1) 평행사변형을 접어서 생긴 삼각형들의 외심을 찾는 법
(2) '(1)'의 삼각형들의 외심이 접었을 때 서로 일치하는 것을 정당화하기

나아가 「원의 내접하는 사각형의 대각의 합은 항상 $180°$이다.」도 종이를 사용하면 직관적으로 확인할 수 있습니다. 정사각형 색종이에 원을 그리고, 그 원에 내접하는 사각형을 임의로 그린 뒤 종이를 가위로 자르면 바로 확인이 가능합니다. 천재교육의 교과서는 이 활동을 처음에 제시합니다.

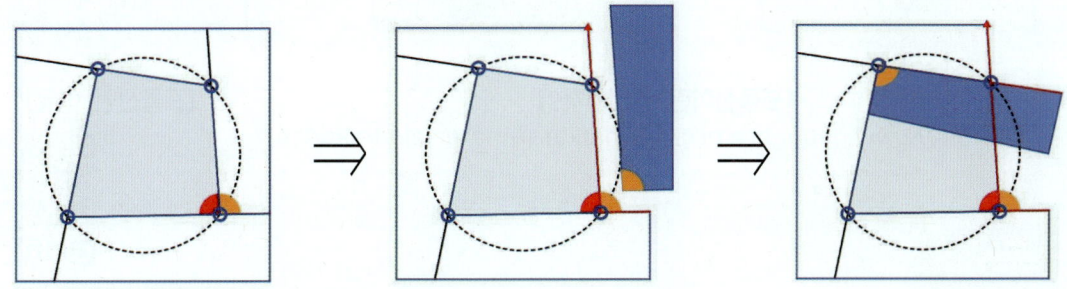

【원에 내접하는 사각형은 어떤 성질이 있을까?】
(https://www.geogebra.org/m/ehcfxufa#material/xnvpdhgh)

라. 고등학교 기하

고등학교의 수학은 추상적인 측면이 강해지고 본격적으로 해석기하와 미적분을 배우는 시기이기 때문에 종이접기 활동이 제시되는 경우가 매우 적습니다. 하지만 「기하」 교과서의 경우에는 종이접기

활동을 꼭 제시합니다. 바로 이차곡선을 배우는 시기이기 때문입니다. 이차곡선의 정의에 충실하게 종이접기를 할 수 있습니다.

[포물선 접기]

준비물 : A4용지 1매

<접는 법>

① A4용지 하단에 점 F를 하나 잡는다.
② A4용지 밑변을 l이라 하고, 종이를 접어 l이 점 F를 지나도록 접는다.
③ ②를 반복하여 접은 선을 많이 남긴 뒤 그 모습을 관찰한다.

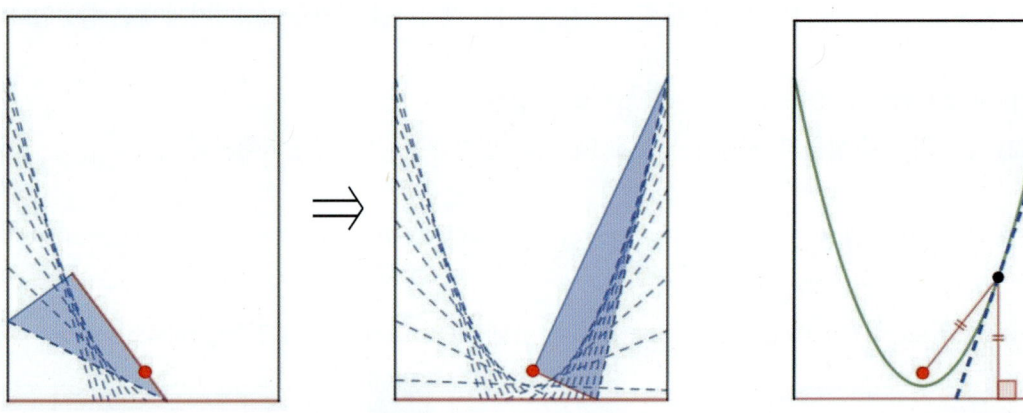

[포물선이란 무엇일까?]
(https://www.geogebra.org/m/ehcfxufa#material/ykakp4ep)

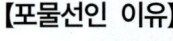

[타원 접기]

준비물 : 원의 중심을 미리 표시한 원 모양 종이

<접는 법>

① 원 안에 중심이 아닌 점 F를 하나 잡는다.
② 원 호가 중심을 지나도록 원을 접는다.
③ ②를 반복하여 접은 선을 많이 남긴 뒤 그 모습을 관찰한다.

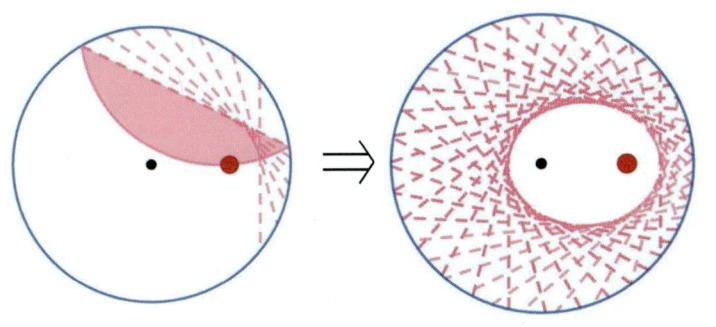

【타원이란 무엇일까?】
(https://www.geogebra.org/m/ehcfxufa#material/xbndncrq)

【타원인 이유】

[쌍곡선 접기]

준비물 : 한 원과 그 중심이 표시된 A4용지

<접는 법>
① 원 밖에 점 P를 하나 잡는다.
② 점 P가 원 위를 지나도록 종이를 접는다.
③ ②를 반복하여 접은 선을 많이 남긴 뒤 그 모습을 관찰한다.

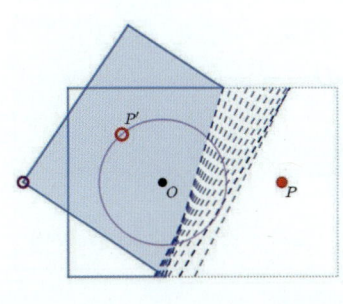 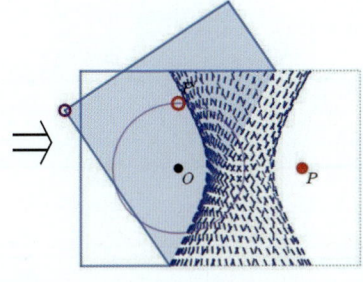 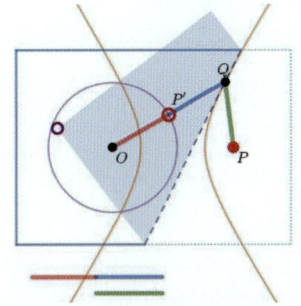

【쌍곡선이란 무엇일까?】   【쌍곡선인 이유】
(https://www.geogebra.org/m/ehcfxufa#material/vp3beydj)

　　　지금까지 교과서 속에 담긴 종이접기 활동을 살펴보았습니다. 직접 종이를 접고 자르고 새로 붙여보면서 학생들은 배우고자 하는 수학적 개념에 대해 직관적으로 이해하고 생각해볼 수 있는 기회를 가질 수 있습니다. 특히, 교사의 시연이 아닌 학생이 직접 경험해보는 과정에서 신기함과 호기심을 느끼고, 스스로의 힘으로 수학적 개념을 발견할 수 있는 기회를 제공할 수 있습니다. 그래서 많은 교과서들은 단원 성격에 맞는 종이접기 활동을 적극적으로 안내하고 있는 것으로 보입니다.

5 종이접기를 담은 문제들

앞선 4장에서는 교과서에 사용된 종이접기 활동 들을 살펴보았습니다. 종이접기는 도형의 성질을 직관적으로 확인할 수 있도록 돕는 만큼, 수학적 개념을 잘 이해하였는지 확인하는 문제로도 많이 활용되고 있습니다.

그럼 종이접기를 이용해 표현한 문제들을 보면서 종이접기의 특성을 활용해서 문제를 해결해보도록 하겠습니다.

가. 중학교 1학년

먼저 도형 단원에서 가장 많이 사용되는 예로는 아래와 같은 문제가 있습니다.

다음 그림처럼 폭이 일정한 종이테이프를 선분 EF를 따라 접었다. $\angle AIE = 100°$일 때, $\angle a$, $\angle b$, $\angle c$의 크기를 각각 구하시오.

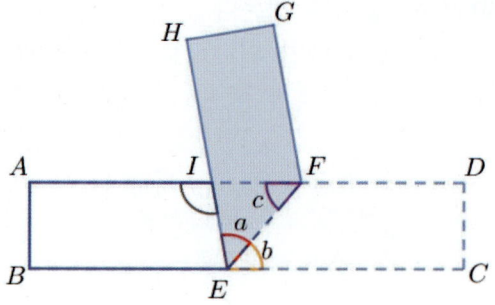

출처 : 중학교 수학1 (지학사)

학생들이 처음 이문제를 접할 때 도형의 특성이 보이지 않아 풀이에 어려움을 겪는 경우가 많습니다. 보통 이 문제를 해설할 땐 아래처럼 설명하는 경우가 많습니다.

"종이를 접었으니 $\angle a = \angle b$ 이고 ~."

그런데 종이접기를 직접 해본 것도 아니기에 $\angle a = \angle b$ 를 처음에 발견하긴 어렵기도 합니다. 그럼 앞부분을 이렇게 설명하면 어떨까요?

[문제 풀이]

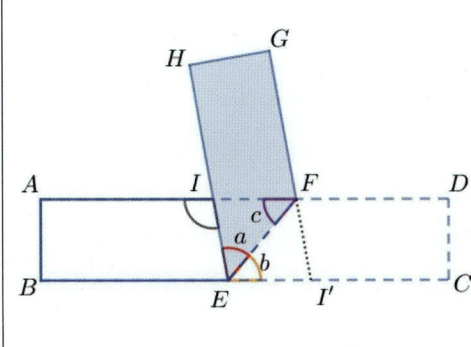

종이를 원래대로 되돌리면 점 I의 선분 $\overline{EF}$에 대한 대칭 점 I'이 생긴다. 그러므로 종이를 접어 겹쳐서 합동임을 확인할 수 있는 $\triangle I'EF$가 보인다.
$$\triangle IEF \equiv \triangle I'EF$$
이 때, 접어서 겹쳐지는 각은
$$\angle a = \angle b, \ \angle c = \angle I'FE \text{ 이다.}$$

(이하 생략)

종이접기의 문제들은 우선 구체성을 살려내는 것이 좋습니다. 종이를 접을 수 있으니 $\angle a = \angle b$ 보다는, 우선 삼각형이 겹쳐지는 것을 보여준 뒤 설명하면 학생들에게 더 친숙하게 들릴 것입니다.

위의 종이띠 문제는 많이 활용됩니다. 왜냐하면 엇각과 이등변삼각형이 도형에서 나타나기 때문입니다. 이번엔 종이띠를 양쪽에서 접은 아래와 같은 문제를 살펴볼까요?

다음 그림은 직사각형 모양의 종이를 접은 것이다. $\angle B'PC' = 40°$ 일 때, $\angle x + \angle y$의 값을 구하시오.

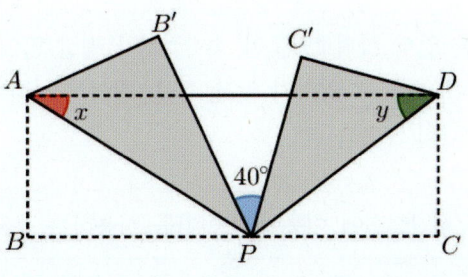

출처 : 중학교 수학1 (신사고)

앞서 살펴본 문제를 확장한 문제인 것을 우리는 쉽게 알고 있습니다. 하지만 학생에게는 순간 보이지 않을 수도 있지요. 그래서 이를 설명할 땐, 이렇게 한쪽 부분만을 먼저 잡고 종이가 접혔다는 것을 확인시켜주면 더 이해가 쉽습니다.

Ⅱ. 학교 수학과 종이접기   **57**

[문제 풀이]

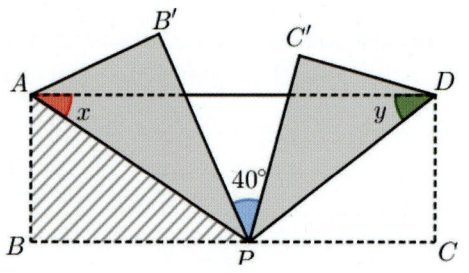

오른쪽 삼각형 △ABP에 먼저 빗금을 그려서 지워진 공간을 강조하자.

△ABP를 접어서 만든 것이 △AB′P이므로 두 삼각형은 서로 합동이다. 그러므로
∠APB = ∠APB′
또한 ∠APB는 ∠x의 엇각이므로
∠APB = ∠APB′ = ∠x를 얻을 수 있다.

같은 논리를 오른쪽 △DPC에 적용하면 ∠DPC = ∠DPC′ = ∠y가 된다.

따라서 왼쪽 그림처럼 표현이 가능하다.
2∠x + 2∠y + 40° = 180°
∴ ∠x + ∠y = 70°

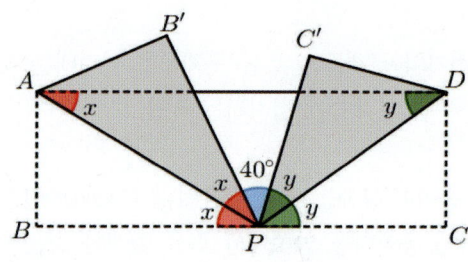

나. 중학교 2학년

중학교 2학년 도형 단원은 앞서 살펴보았듯이 종이접기가 정말 많이 활용되는 단원입니다. 하지만 종이접기로 소개된 문제는 아쉽게도 다양하지 않고, 한번 접어서 나타나는 도형에 대한 이야기를 그 예로 사용하고 있습니다. 하나씩 보겠습니다.

비상교육의 교과서에는 우선 1학년에 이용한 종이띠를 사용하는 문제를 다시 활용합니다.

직사각형 모양의 종이테이프를 다음 그림과 같이 접었을 때, $\overline{AB}$의 길이를 구하시오.

출처 : 중학교 수학2 (비상교육)

중1의 같은 문제에서 이미 △ABC가 ∠BAC = ∠BCA인 이등변삼각형임을 알고 있습니다. 이를 활용하는 간단한 문제입니다. 그런데 조금 그림을 바꾸면 같은 문제를 재미있는 모습으로 바꿀 수 있습니다.

> 다음 그림과 같이 직사각형 ABCD를 꼭짓점 C가 꼭짓점 A 위에 오도록 접었다. ∠D'AF = 16° 일 때, ∠x의 크기를 구하시오.
>
>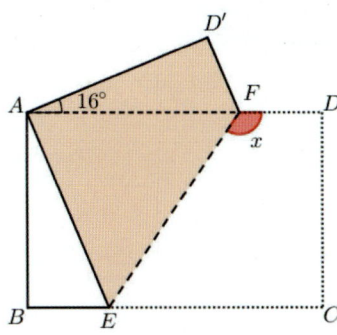
>
> 출처 : 중학교 수학2 (천재교육)

같은 문제인 것이 보이나요? 그래서 풀이도 같습니다.

[문제 풀이]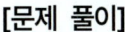

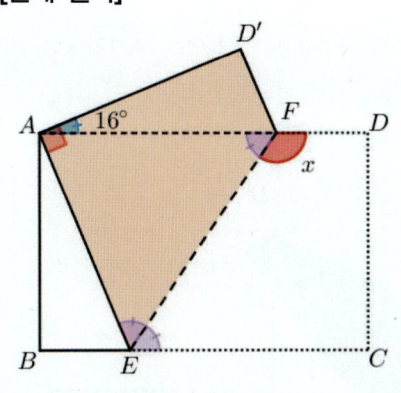

종이를 접었기 때문에 ∠EAD' = 90°
∴ ∠EAD = 90° − 16° = 74°
또 ∠CEF = ∠EFA (엇각)
종이를 접었으므로 ∠CEF = ∠AEF
따라서 △AEF는 이등변삼각형이다.
∠AFE = $\frac{1}{2}$(180° − ∠EAF) = 53°
그러므로 ∠x = 180° − 48° = 132°

원래 교과서에서는 △BAE ≡ △D'AF임을 보여서 ∠BAE = 16°를 얻은 뒤 ∠EAD = 74°를 구합니다. 종이를 접은 것을 적극적으로 활용하면 더 간단하지 않을까요?

금성출판사와 지학사에는 각각 아래와 같은 문제가 실려 있습니다.

| 다음 그림처럼 가로, 세로의 길이가 각각 10 cm, 8 cm인 직사각형 모양의 종이를 접어서 점 D가 선분 BC와 만나는 점을 P라고 할 때, 다음에 답하시오. | 다음 그림과 같은 직사각형 ABCD에서 $\overline{CF}$를 접은 선으로 하여 꼭짓점 B가 $\overline{AD}$ 위의 점 E에 오도록 접었을 때, $\overline{DE}$의 길이를 구하시오. |

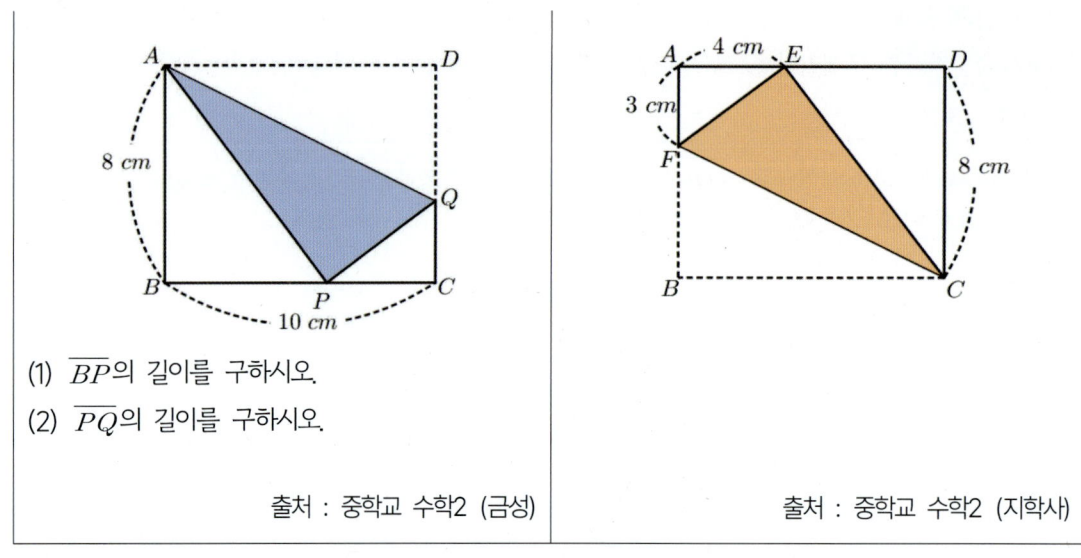

(1) $\overline{BP}$의 길이를 구하시오.
(2) $\overline{PQ}$의 길이를 구하시오.

출처 : 중학교 수학2 (금성) 　　　　　　　　　출처 : 중학교 수학2 (지학사)

　종이접기가 소재인 문제들이지만 아쉽게도 종이접기의 특성을 이용하지는 않는 문제입니다. 접힌 부분인 삼각형이 직각삼각형임을 이용하여 닮은 직각삼각형을 찾도록 유도하는 문제이죠. 3 : 4 : 5라는 길이의 비를 사용하는 직각삼각형을 이용하기에, 이 두 문제는 완전히 같은 도형을 사용하고 있습니다.

　천재교육의 교과서에서는 위와 같지만 대신 정사각형 색종이를 사용하는 방법으로 추가활동을 제시합니다. 달라진 길이는 당연히 선분의 길이에도 영향을 줍니다.

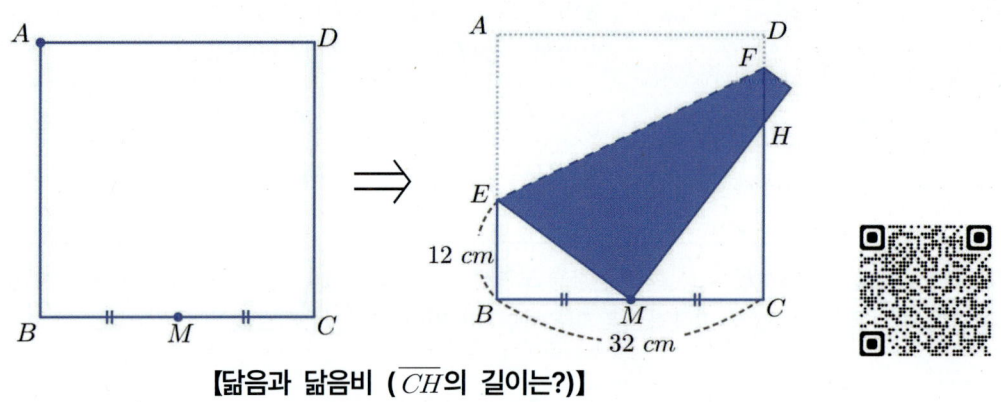

【닮음과 닮음비 ($\overline{CH}$의 길이는?)】

　이 방법은 뒷장에서 소개할 「하가의 정리」라고 하는 방법입니다. 이 종이접기에서는 위 문제들처럼 닮은 삼각형을 찾을 수 있습니다. 닮음을 이용해서 $\overline{CH}$의 길이를 구하여 볼까요?

[문제 풀이]

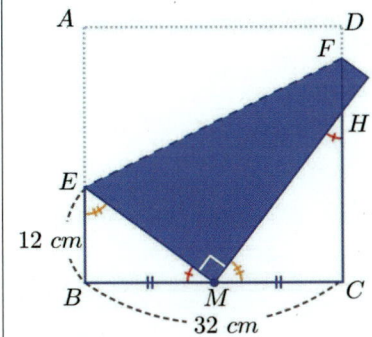

∠EMH = 90°이므로
∠EMB + ∠HMC = 90°이다.
그런데 △EMB와 △MHC 모두 직각삼각형
이므로
∠EMB + ∠MEB = 90°
∠MHC + ∠HMC = 90°

∴ ∠EMB = ∠MHC, ∠MEB = ∠MHC

따라서 △EMB와 △MHC는 서로 닮음인 삼각형이다.

△EMB에서 $\overline{EB} : \overline{BM} = 12 : 16 = 3 : 4$의 길이 비를 갖는다.

그러므로 △MHC에서 $\overline{MC} : \overline{CH} = 3 : 4 = 16 : \overline{CH}$

∴ $\overline{CH} = \dfrac{64}{3} = \dfrac{2}{3}\overline{CD}$ 이다.

이때 나타나는 삼각형에는 재미난 것들이 숨어있습니다. 우선 닮음의 성질을 이용하는 두 직각삼각형 △EMB와 △MHC입니다. △EMB에서 $\overline{EB} : \overline{BM} = 3 : 4$의 길이의 비를 가지므로, 피타고라스 정리를 이용하면 $\overline{EB} : \overline{BM} : \overline{EM} = 3 : 4 : 5$가 됩니다. 즉 △EMB와 △MHC는 3 : 4 : 5의 길이의 비를 갖는 직각삼각형임을 알 수 있습니다. 종이를 한 번 접어서 피타고라스 세 쌍의 첫 번째 길이의 비를 갖는 직각삼각형을 만들다니 놀랍지 않나요?

하나 더 있습니다. $\overline{CH} = \dfrac{64}{3}$이므로, $\overline{DH} = 32 - \overline{CH} = 32 - \dfrac{64}{3} = \dfrac{32}{3}$가 됩니다. 이때 $\overline{DH} : \overline{CH} = \dfrac{32}{3} : \dfrac{64}{3} = 1 : 2$가 됩니다. 종이를 한번 접어서 색종이의 한 변을 삼등분한 것입니다. 우리는 앞서 종이를 삼등분하는 방법을 살펴본 바 있습니다. 종이를 삼등분하는 방법에는 이렇게 2번만 접어서 찾아내는 방법도 존재합니다.

삼각형의 닮음을 이용한 종이접기 문제는 아래처럼도 출제됩니다.

다음 정삼각형 ABC에서 $\overline{EF}$를 접은 선으로 하여 꼭짓점 C가 $\overline{AB}$위의 점 D에 오도록 접었다. $\overline{AD} = 3\,cm$, $\overline{AF} = 8\,cm$, $\overline{BD} = 12\,cm$일 때, $\overline{CE}$의 길이를 구하시오.

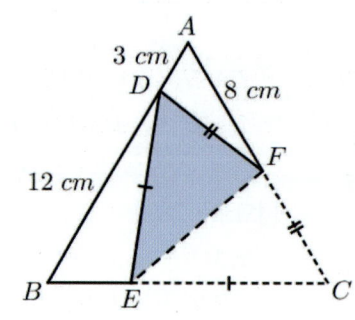

출처 : 중학교 수학2 (신사고)

이 문제는 도형의 닮음 단원에 실린 문제로 닮음 삼각형을 찾아내는 것이 문제의 핵심입니다. 원래의 풀이는 아래와 같습니다.

[문제 풀이]

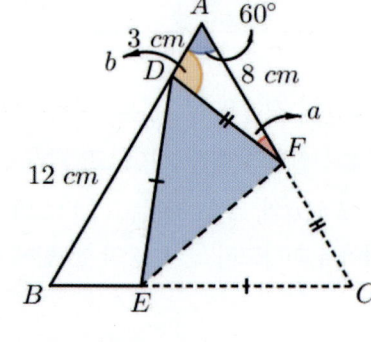

$\angle AFD = \angle a$, $\angle ADF = \angle b$라 하면
$\triangle ADF$에서 $\angle a + \angle b + 60° = 180°$
$\therefore \angle a + \angle b = 120°$ ……………①

종이를 접어 만들었기 때문에
$\triangle EDF \equiv \triangle CDF$가 되어 $\angle DEF = 60°$

$\angle ADB = 180°$이므로
$180° = \angle EDB + 60° + \angle b = 180° \rightarrow$
$\angle EDB + \angle b = 120°$ ……………②

①, ②에 따라 $\angle EDB = \angle a$이다.
$\angle DBE = 60°$이고 $\angle EDB = \angle a$이므로 $\triangle FAD \sim \triangle DBE$임을 알 수 있다. 따라서
$\overline{AF} : \overline{AD} = \overline{DB} : \overline{BE} \rightarrow 8 : 3 = 12 : \overline{BE} \quad \therefore \overline{BE} = \dfrac{36}{8} = \dfrac{9}{2}$
$\therefore \overline{CE} = 15 - \dfrac{9}{2} = \dfrac{21}{2}$

이 문제의 재미있는 점은 2가지입니다. 정삼각형 ABC에서 $C \rightarrow \overline{AB}$를 한 결과, 점 C가 옮겨간 점 D가 $\overline{AB}$를 놀랍게도 정수비로 나누게 되었습니다. 항상 정수비를 갖는 문제를 해결해 온 학생의 처지에선 신기할 게 없지만, 문제를 만들어 본 교사들은 저 정수비가 쉽게 만들지 못하는 값임을 알고 있습니다. 실제로 $\overline{AF}$의 길이를 2~14인 자연수가 되도록 접을 경우, $\overline{AD}$의 길이가 정수 아니 유리수가 나오는 경우는 위 문제처럼 $\overline{AF} = 8\,cm$인 경우뿐입니다.

또한 $\overline{AF} = 8\,cm$일 때, $\overline{AD} = 3\,cm$가 아닌 다른 점으로도 접을 수 있는 방법이 존재합니다. $\overline{AD} = 5\,cm$인 점으로 접으면 아래 그림처럼 접을 수 있습니다. 재미있게도 $\overline{AF}$의 길이가 15보다 작은 자연수일 때, 이렇게 2가지 방법으로 접을 수 있는 경우도 역시 $\overline{AF} = 8\,cm$인 경우 뿐입니다.

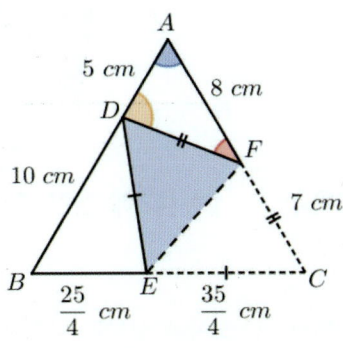

【정삼각형의 한 변을 정수비로 나누도록 접는 법】
https://www.geogebra.org/m/ehcfxufa#material/a7qgwkgj

방금 문제의 닮은 삼각형 찾기 문제는 길이를 바꿔서 다른 교과서에서도 제시합니다. 한번 비상교육의 교과서 문제를 볼까요?

> 다음 그림처럼 정삼각형 모양의 색종이를 꼭짓점 A가 $\overline{BC}$ 위의 점 E에 오도록 접었을 때, $\overline{AF}$의 길이를 구하시오.
>
>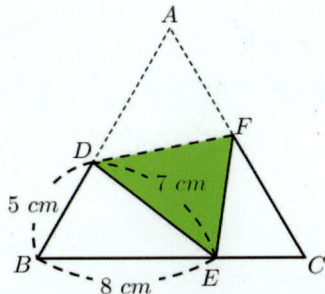
>
> 출처 : 중학교 수학2 (비상교육)

겉보기엔 "길이를 바꿔서 비슷한 문제를 만든 것이구나."라고 생각하기 쉽습니다. 그런데 길이를 모두 표시한 뒤 위의 문제의 다른 접는 방법과 비교하면 또 재미있습니다.

Ⅱ. 학교 수학과 종이접기   **63**

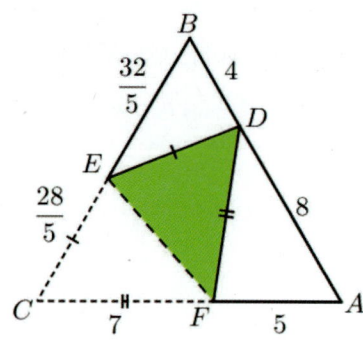 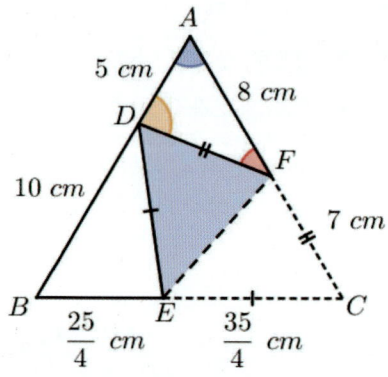

【회전한 '정삼각형 종이접기'(비상교육)】   【'신사고에 실린 종이접기' 변형】

비상교육에 실린 문제를 반시계 방향 120° 회전시킨 모양과 신사고에 실린 문제를 접는 다른 방법과 비교하여 봅시다. 두 삼각형에서 종이접기로 인해 분할되는 변의 길이비가 서로 같은 것이 보이나요? 각각 8 : 7, 7 : 5, 2 : 1 의 정수인 길이비로 나뉘고 있습니다.

이제 궁금해지기도 합니다. 정삼각형 종이를 접어서 만들 수 있는 길이의 분할 사례 중 정수비[4]를 갖는 것은 또 무엇이 있을까요? 지오지브라의 힘을 빌려서 확인해보면 한 변의 길이를 2등분 ~ 20등분할 때, 다음의 4가지만 나타납니다.

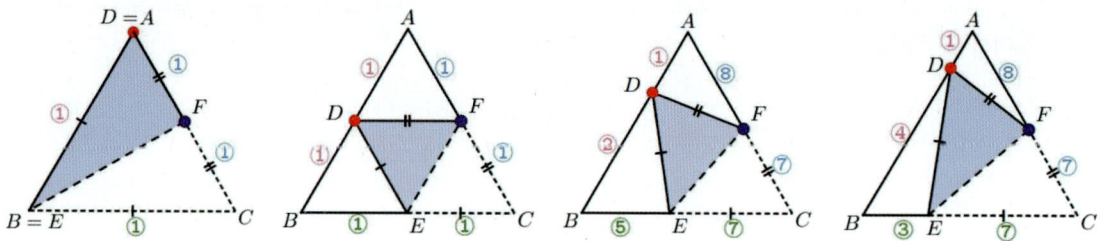

다. 중학교 3학년

벌써 중학교 3학년의 내용입니다. 무리수, 인수분해 그리고 원의 성질에 대한 단원에서 종이접기를 활용합니다.

먼저 무리수 $\sqrt{2}$ 의 도입이 정사각형의 넓이에서 도입한 만큼 이것을 문제에 활용하는 문제가 있습니다. 비상교육의 교과서에 실린 다음 문제를 살펴보겠습니다.

---

[4] '정수비를 갖는다.'와 '유리수의 비를 갖는다.'는 동치입니다.

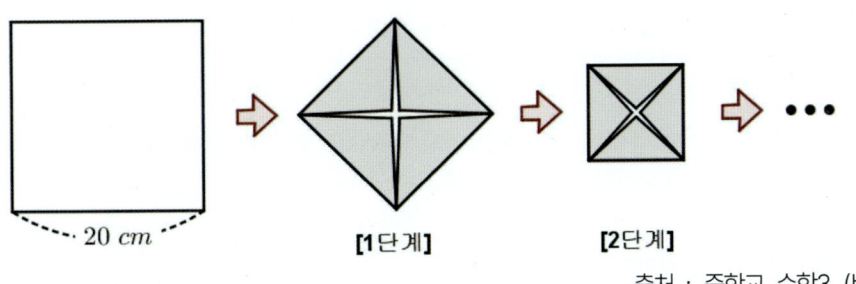

다음 그림과 같이 한 변의 길이가 $20\,cm$인 정사각형 모양의 색종이를 각 변의 중점을 꼭짓점으로 하는 정사각형 모양으로 접어 나갈 때, [4단계]에서 생기는 정사각형의 한 변의 길이를 구하시오.

출처 : 중학교 수학3 (비상교육)

종이를 접는다는 것은 도형을 선대칭시켜 합동인 도형을 만드는 일로도 볼 수 있습니다. [1단계]처럼 종이를 접어서 원래 색종이를 접으며 겹치는 부분이 없이 가득 채웠기 때문에 그 결과 넓이는 원래의 절반이 됩니다. 이 문제를 설명할 때 이 관점에서 설명하고 시작하면 좋습니다.

인수분해 단원에서도 생각을 키우기 위해 종이접기를 문제 활용할 수 있습니다. 두산동아 교과서의 경우 논술형 문제로 다음과 같은 문제를 제시합니다.

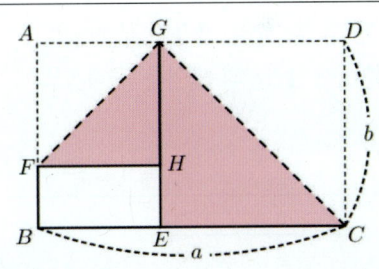

가로의 길이가 a, 세로의 길이가 $b\,(b<a<2b)$인 직사각형 모양의 종이 $ABCD$를 다음 그림과 같이 접었다. 이때, 사각형 $FBEH$의 넓이를 a, b를 사용한 식으로 나타내시오.

출처 : 중학교 수학3 (두산동아)

종이를 접었기 때문에 선대칭된 선분들이 나타납니다. $\overline{CD} = \overline{CE}$, $\overline{GA} = \overline{GH}$가 각각 그 선분의 쌍입니다. 그래서 길이가 같게 되죠. 또 각각의 접은 선 $\overline{CG}$와 $\overline{GF}$는 직각의 「각의 이등분선」이기도 합니다. 따라서 △GFH와 △GCE는 직각이등변삼각형이죠. 물론 종이접기에 대한 그동안의 경험은 이 내용들을 한번에 "종이를 접었기 때문에~"란 말로 떠오르며 문제의 이해를 돕습니다.

[문제 풀이]

종이를 접었기 때문에 $\overline{CD}$는 선대칭한 $\overline{CE}$가 되고, $\overline{GA}$는 $\overline{GH}$가 된다.

또한, 접은 선 $\overline{CG}$와 $\overline{GF}$는 각각 직각 ∠DCB와 ∠AGH의 「각의 이등분선」이기도 하다. 따라서 △GFH와 △GCE는 직각이등변삼각형이다.

$\overline{CD} = \overline{CE} = b$,
$\overline{GA} = \overline{AB} - \overline{CE} = a - b = \overline{BE}$

$\overline{BF} = \overline{AB} - \overline{AF} = \overline{AB} - \overline{GH} = b - (a-b) = -a + 2b$

따라서 사각형 $FBEH$의 넓이는

$\overline{BE} \times \overline{BF} = (a-b) \times (-a+2b) = -a^2 + 3ab - 2b^2$

중학교 1,2학년 때 접었던 종이띠는 훌륭한 삼각비 문제로도 재탄생합니다. 미래엔과 지학사 교과서는 종이띠를 가지고 접은 모양으로 삼각비를 활용하여 넓이를 구하는 문제를 제시합니다.

다음 그림처럼 세로의 길이가 $3\,cm$인 직사각형 모양의 종이를 $\overline{AC}$를 접은 선으로 하여 접었더니 $\overline{AC} = 6\,cm$이었다.

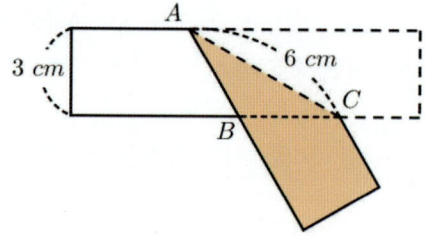

(1) ∠ACB의 크기를 구하시오.
(2) △ABC의 넓이를 구하시오.

출처 : 중학교 수학3 (미래엔)

폭이 $3\,cm$로 일정한 직사각형 모양의 종이테이프를 다음 그림과 같이 선분 $\overline{BC}$를 따라 접었다. ∠$BAC = 30°$일 때, △ABC의 넓이를 구하시오.

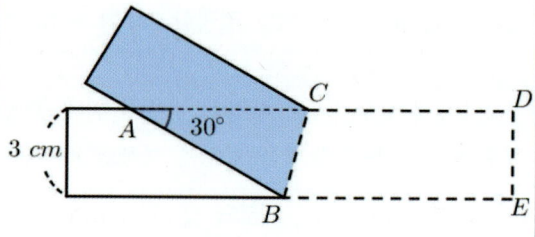

출처 : 중학교 수학3 (지학사)

접힌 각도는 서로 다르지만 둘 다 30° 또는 60°의 각도를 이용해서 삼각형의 각도를 찾고, sin 값을 활용하는 삼각형의 넓이 공식을 이용하는 문제인 것이 보이나요? 여기서 사용되는 원리가 바로 종이띠를 겹쳐서 만든 삼각형이 이등변삼각형인 내용입니다. 바로 중1 때 처음 확인한 내용이기도 하죠. 위 두 문제 모두 △ABC는 $\overline{AB} = \overline{AC}$인 이등변삼각형이 됩니다. 문제의 해결에서 남은 것은 이 점을 이용하는 것뿐이죠.

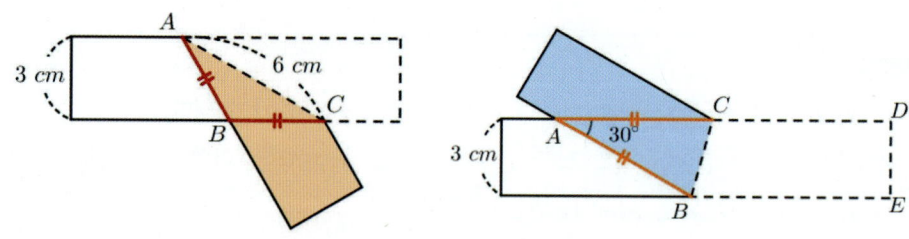

【종이띠를 접어 만드는 이등변삼각형】

같은 삼각비의 문제인데 천재교육에서는 종이접기의 다른 특성을 이용해서 문제를 제시합니다. 도형의 선대칭으로 볼 수 있지만, 다른 관점에서 보는 것도 가능합니다.

다음 그림과 같이 직사각형 $ABCD$에서 $\overline{AF}$를 접은 선으로 하여 꼭짓점 D가 $\overline{BC}$ 위의 점 E에 오도록 접었다. $\angle EFC = \angle x$라고 할 때, $\sin x + \cos x$의 값을 구하시오.

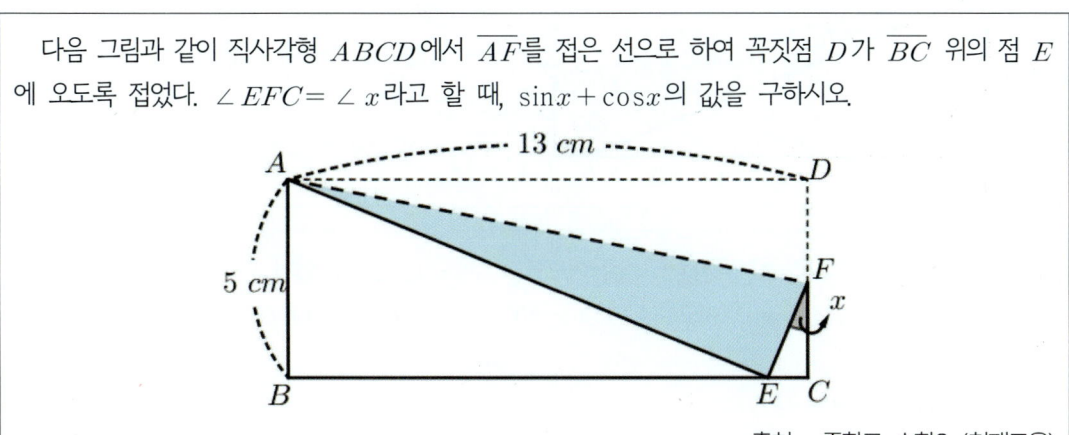

출처 : 중학교 수학3 (천재교육)

보통 이 문제를 설명할 때, 접은 선 $\overline{AF}$로 $\overline{AD}$를 선대칭시켜서 $\overline{AE}$를 만들었음을 설명하거나, 혹은 종이를 접었기 때문에 접은 선 $\overline{AF}$로 선대칭되어서 $\triangle ADF \equiv \triangle AEF$가 된다고 설명합니다. 그런데 아래의 관점에서 문제를 바라보는 것은 어떨까요?

앞서 설명한 종이접기 방법 중에는 꼭짓점을 고정하고 접는 **컴퍼스 접기**가 있습니다. 위 종이접기는 ⒶD → $\overline{BC}$입니다. 즉 다시 이야기하면 아래 그림처럼 점 A를 중심으로 하고 $\overline{AD}$가 반지름인 원호를 컴퍼스로 그린 것과 같습니다. 따라서 $\overline{AD} = \overline{AE}$입니다.

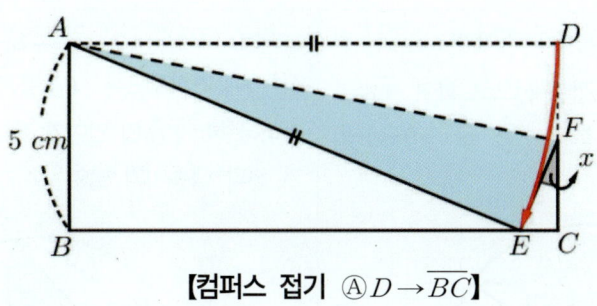

【컴퍼스 접기】 ⒶD → $\overline{BC}$

이제 남은 것은 $\triangle EAB \sim \triangle FEC$임을 보인 뒤, $\sin x + \cos x$의 값을 구하면 되는 것이죠?

Ⅱ. 학교 수학과 종이접기   **67**

[컴퍼스 접기를 활용한 문제 풀이]

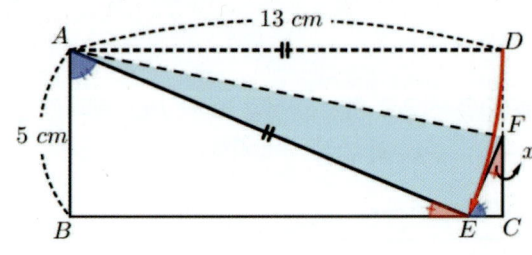

점 A를 고정하고 점 D를 $\overline{BC}$ 위로 옮기는 컴퍼스 접기를 하였기 때문에 $\overline{AD} = \overline{AE} = 13\,cm$가 된다.

피타고라스 정리에 따라 $5^2 + \overline{BE}^2 = 13^2$이므로 $\overline{BE} = 12\,cm$를 쉽게 구할 수 있다.
또한 $\angle x + \angle FEC = 90°$이고 $\angle FEA = 90°$, $\angle FEC + \angle AEB = 90°$이므로

$$\therefore \angle AEB = \angle x$$

$\triangle EAB$는 직각삼각형이므로 $\angle EAB = \angle FEC$도 얻을 수 있다.
따라서 $\triangle EAB \sim \triangle FEC$로 서로 닮음 삼각형이다.

그러므로 $\sin x = \dfrac{5}{13}$, $\cos x = \dfrac{12}{13}$를 $\triangle EAB$에서 구할 수 있다.

$$\therefore \sin x + \cos x = \dfrac{17}{13}$$

원에 대한 종이접기 문제들은 현의 성질 도입용 활동과 같은 것들을 제시하고 있습니다. 비상교육과 지학사 출판사의 문제 모두 같은 형태의 원을 접은 문제를 제시합니다.

다음 그림과 같이 반지름의 길이가 $4\,cm$인 원 모양의 종이를 $\overline{AB}$를 접은 선으로 하여 $\overparen{AB}$가 원의 중심 O를 지나도록 접었을 때, $\overline{AB}$의 길이를 구하시오.

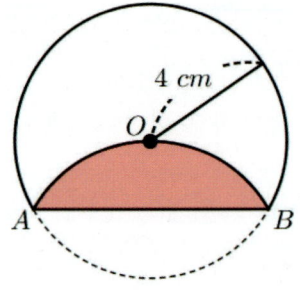

출처 : 중학교 수학3 (비상교육)

다음 그림과 같이 원 모양의 색종이를 원의 중심 O에 겹쳐지도록 $\overline{AB}$를 접은 선으로 하여 접었더니 현 $\overline{AB}$의 길이가 $12\,cm$이었다. 이때, 접기 전의 색종이의 넓이는?

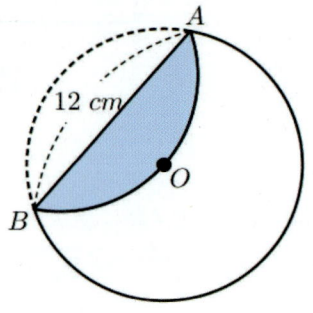

출처 : 중학교 수학3 (지학사)

두 문제 모두 종이접기의 원리를 곰곰이 따지면 가장 기본인 「선분의 이등분선 접기」를 사용해서 반지름을 수직이등분하고 있습니다. 그래서 원의 중심 O의 $\overline{AB}$에 대한 선대칭한 점을 C라 하면, $\overline{AB}$를 따라 접음으로서 $\overline{AB}$는 $\overline{OC}$를 수직이등분하게 되죠.

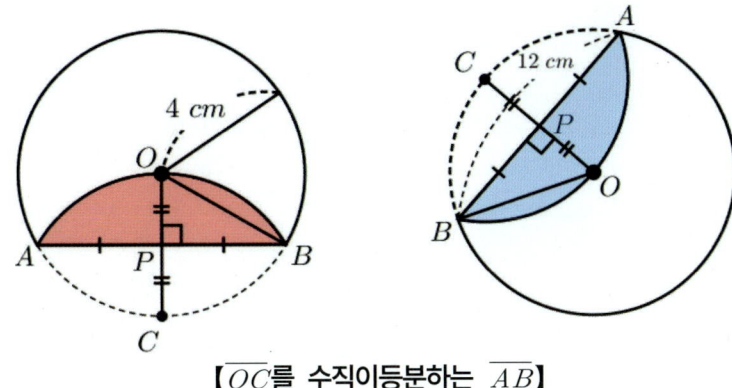

【$\overline{OC}$를 수직이등분하는 $\overline{AB}$】

[문제 풀이]

원 모양의 종이를 $\overline{AB}$를 접은 선으로 하여 $\overparen{AB}$가 원의 중심 O를 지나도록 접었으므로, $\overline{AB}$는 $\overline{OC}$를 수직이등분한다.

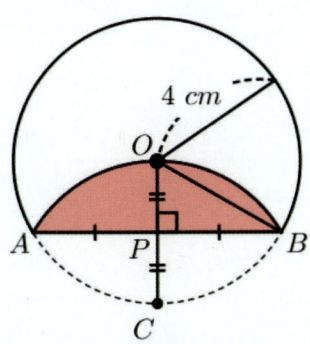

$\overline{OB} = 4$, $\overline{OP} = 2$이고 △OBP는 직각삼각형이므로 $\overline{PB} = \sqrt{4^2 - 2^2} = 2\sqrt{3}$

∴ $\overline{AB} = 2\overline{PB} = 4\sqrt{3}$

[문제 풀이]

원 모양의 종이를 $\overline{AB}$를 접은 선으로 하여 $\overparen{AB}$가 원의 중심 O를 지나도록 접었으므로, $\overline{AB}$는 $\overline{OC}$를 수직이등분한다.

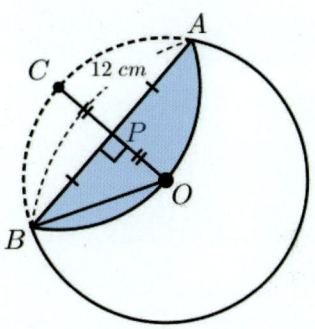

$\overline{OP} = x$라고 하면 $\overline{OB} = 2x$고 △OBP는 직각삼각형이므로 $\overline{OB}^2 = \overline{OP}^2 + \overline{PB}^2$

$$4x^2 = x^2 + 6^2 \rightarrow x^2 = 12$$

∴ 원의 넓이 $= (2x)^2 \pi = 4x^2 \pi = 48\pi$

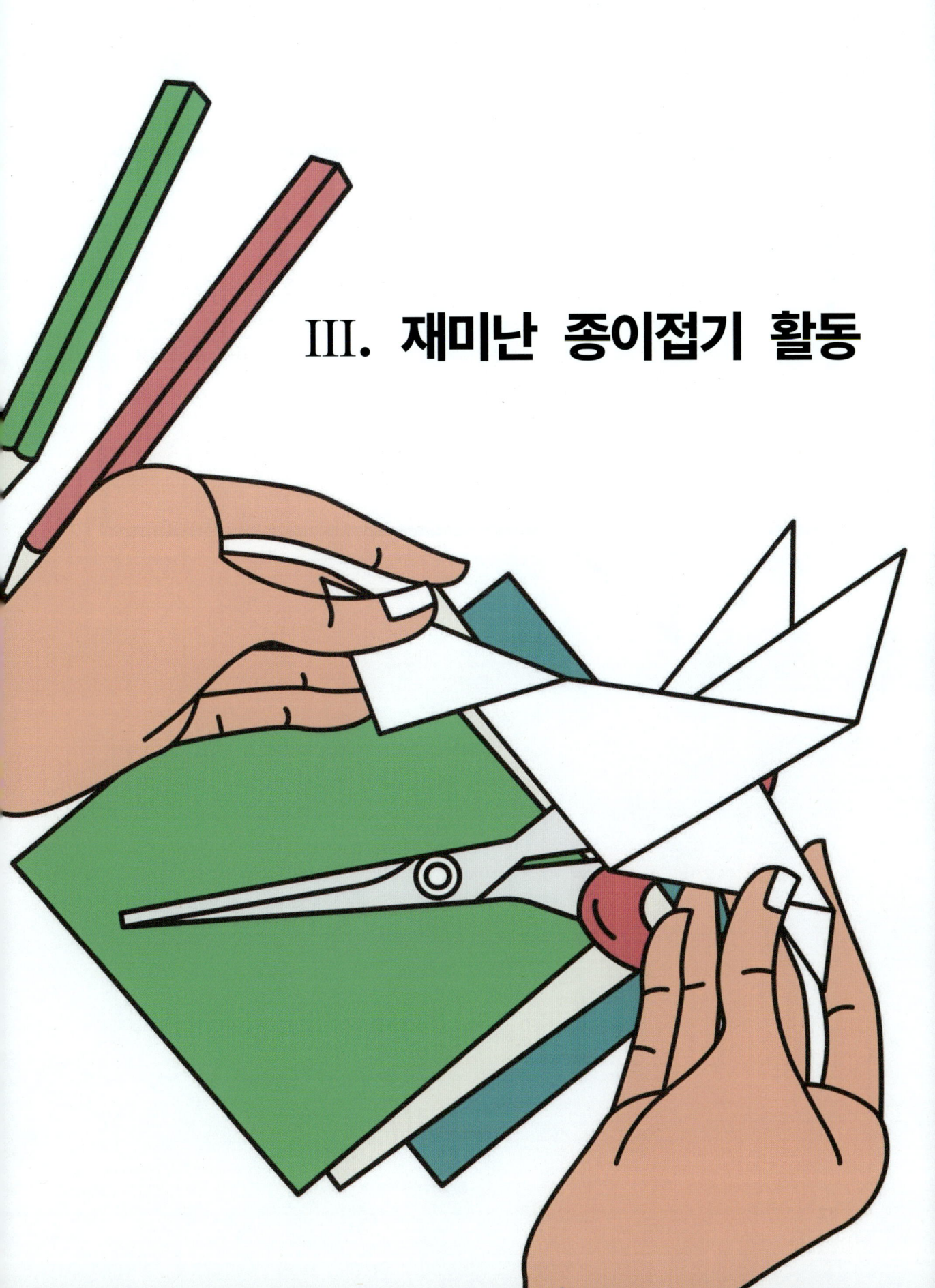

III. 재미난 종이접기 활동

지금까지 종이접기의 공리와 교과서 속 종이접기 속에 대해 탐구해 왔습니다. 이번엔 머리 아픈 이야기는 좀 접어두고 종이를 편하게 접어보죠. 다양한 도형들을 접어보면서 한번 즐겨보시죠. 중심이 보이는 정삼각형, 대각선이 보이는 정오각형, 3 : 4 : 5 직각삼각형 만들기. 종이접기를 사용해서 해볼 수 있는 활동이 참 많습니다.

1 중심이 보이는 정삼각형 접기

이번엔 조금 꾸며진 정삼각형을 한번 접어볼까요? 중심이 보이는 정삼각형 접기입니다. 정삼각형이 참 좋은 것이 내심, 외심 같은 다양한 중심들이 많이 일치한다는 점이죠. 아래 그림처럼 한번 중심이 선을 통해 확연히 보이는 정삼각형을 접으려면 어떻게 해야 할까요?

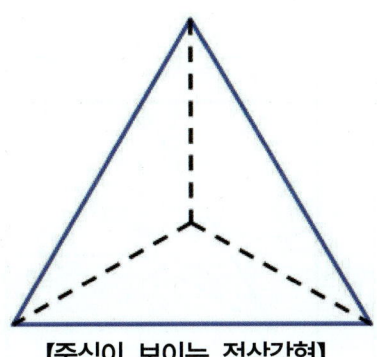

[중심이 보이는 정삼각형]

저기 중심을 나타낼 선도 같이 표현되어야 합니다. 그러니 정삼각형 뿐만 아니라 정삼각형의 바깥에서 저 점선을 한번 접고, 다시 정삼각형 내부로 접어와야겠죠. 간단히 말해 삼각형을 만들기 전에 무엇인가 날개 같은 모습을 접어두어야 한다는 뜻입니다.

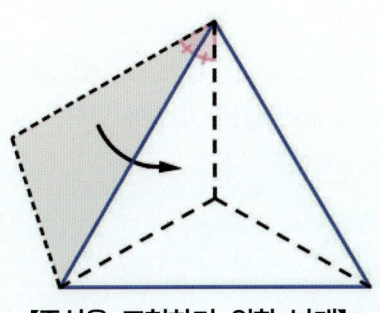

[중심을 표현하기 위한 날개]

자, 그럼 어떻게 저런 날개를 만들어 가는지 한번 살펴보시죠.

Ⅲ. 재미난 종이접기 활동   73

가. 중심이 보이는 정삼각형 접기

<접는 법>

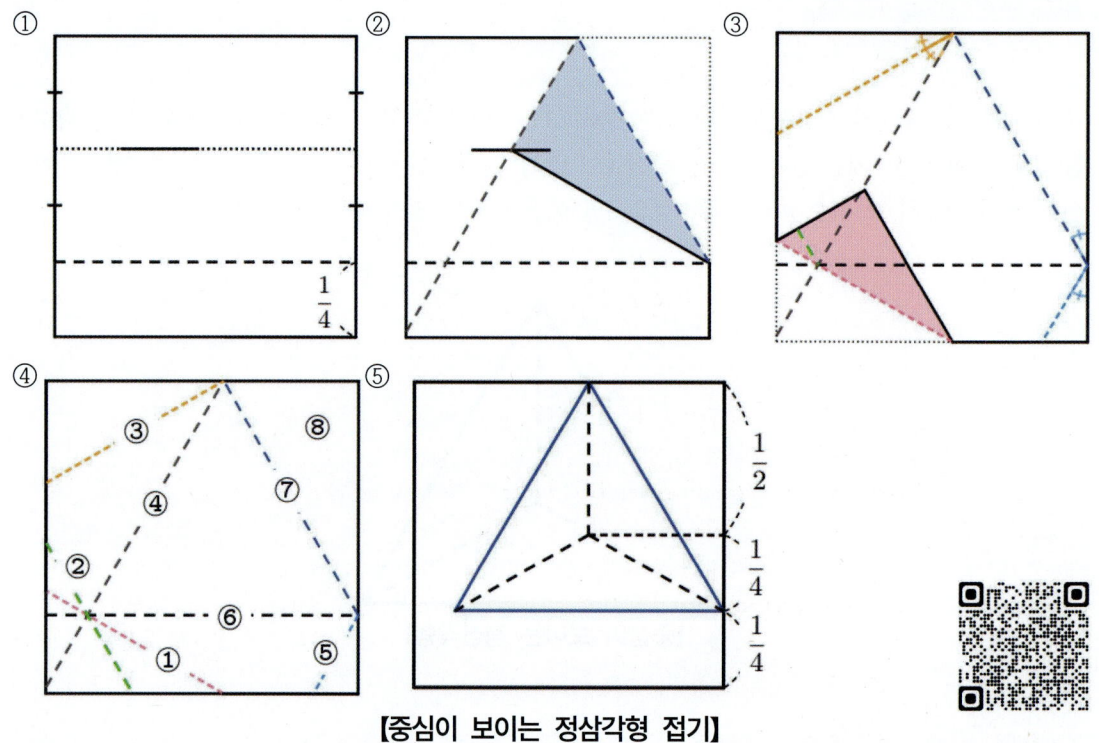

【중심이 보이는 정삼각형 접기】

출처 : オリガミクス 1 (하가 가츠오)

[3단계]까지 접은 뒤 접은 선을 잘 표시하여, 실제로 [4단계]에 다시 처음부터 접어서 모양을 만드는 방식입니다.

주의 : [4단계]에서 다시 접을 때, ①, ②, ④, ⑥번 선이 한 곳에서 만나다 보니 종이가 두꺼워지면서 오차가 커지기 쉽습니다. 이 점에 유의하면서 접어야 합니다.

【중심이 맞지 않는 정삼각형】

【오차를 줄인 결과물】

2 직각삼각형 접기

이번엔 다양한 직각삼각형을 접어보겠습니다. 학교 수학시간에 피타고라스 정리를 공부할 때 만나는 2가지 직각삼각형을 접어보려 합니다.

가. 30°, 60°가 있는 중심이 보이는 직각삼각형 접기

혹시 제목을 보고 이렇게 생각하신 것은 아니죠?

"뭐야, 지금까지 실컷 정삼각형을 접었으니 그것을 반으로 접으면 되는 거 아냐?"

물론 맞는 이야기입니다만, 만들어진 모양이 예쁘게 되도록 접고자 합니다. 그래서 어떤 중심이 보이는 「30°, 60°가 있는 직각삼각형 접기」 입니다. 중심이 보여야 하니 앞서와 같이 날개가 있도록 접어야겠죠? 한번 살펴보세요.

<접는 법>

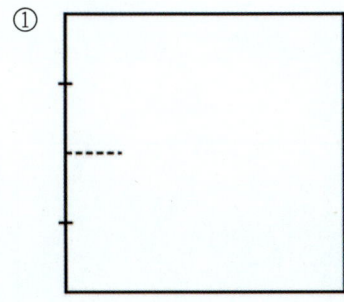 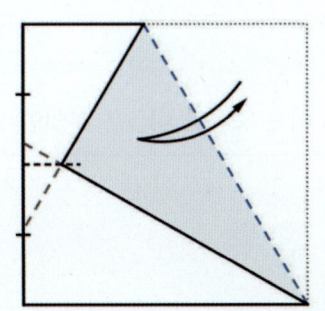 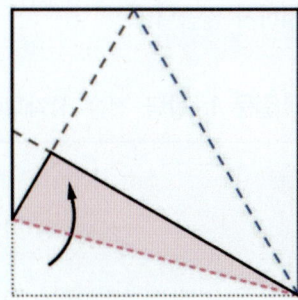

【30°가 있는 직각삼각형 접기】

Ⅲ. 재미난 종이접기 활동 75

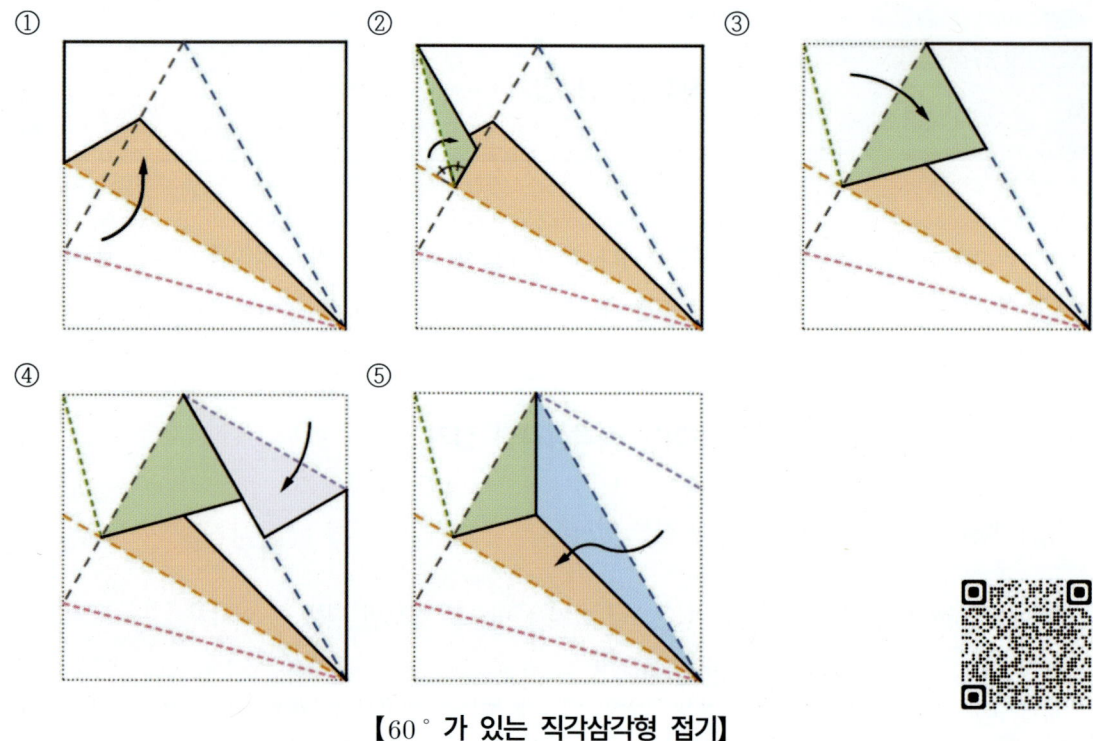

【60° 가 있는 직각삼각형 접기】

출처 : オリガミクス 1 (하가 가츠오)

주의 : 잘 접어보셨나요? 앞서 중심이 있는 정삼각형 접기와 마찬가지입니다. 종이가 겹치면서 두꺼워져서 접은 선을 뒤로 밀어내기 쉽습니다. 오차가 점점 커지면 중심이 안 맞게 되니 주의하세요.

어렵지 않은 질문이지만 한번 하고 가야겠죠? 정삼각형과 달리 직각삼각형은 각 중심들이 서로 일치하지 않습니다.

질문 1. 방금 접은 삼각형에서 보이는 중심의 이름은 무엇인가요?

답안 예시 : 직각삼각형의 내심

질문 2. 왜 그렇게 답하셨나요? 질문 1의 답이 되는 이유는 무엇 때문인가요?
아래 그림을 이용해서 자신의 답을 정당화해보세요.

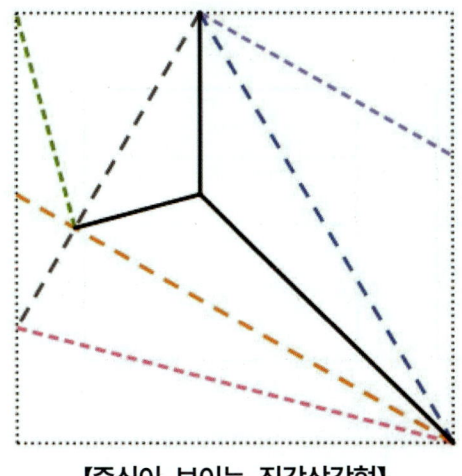

[중심이 보이는 직각삼각형]

나. 3 : 4 : 5 비율의 직각삼각형 접기

이미 지난 「교과서 속 수학문제 : 중학교 수학2 닮음을 활용한 문제」에서 밑변의 중점에 꼭짓점이 위치하도록 접으면 3 : 4 : 5의 비율이 되는 직각삼각형이 나타남을 살펴본 적이 있습니다. 다음 그림과 같이 접었을 때 보이는 직각삼각형 $\triangle PAE$, $\triangle GBP$, $\triangle GC'F$는 모두 닮음이고, 세 변의 길이비는 3 : 4 : 5가 됩니다.

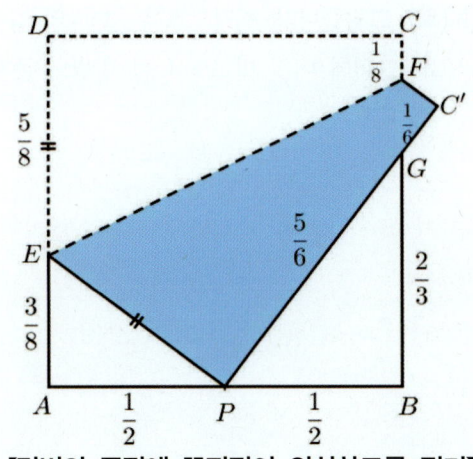

[밑변의 중점에 꼭짓점이 위치하도록 접기]

그런데 이 방법 이외에도 3 : 4 : 5의 길이비를 갖는 직각삼각형을 만드는 법은 여러 가지가 있습니다. 간단한 것부터 살펴볼까요?

1) 3:4:5의 길이비를 갖는 직각삼각형을 접는 법 (1)

<접는 법>

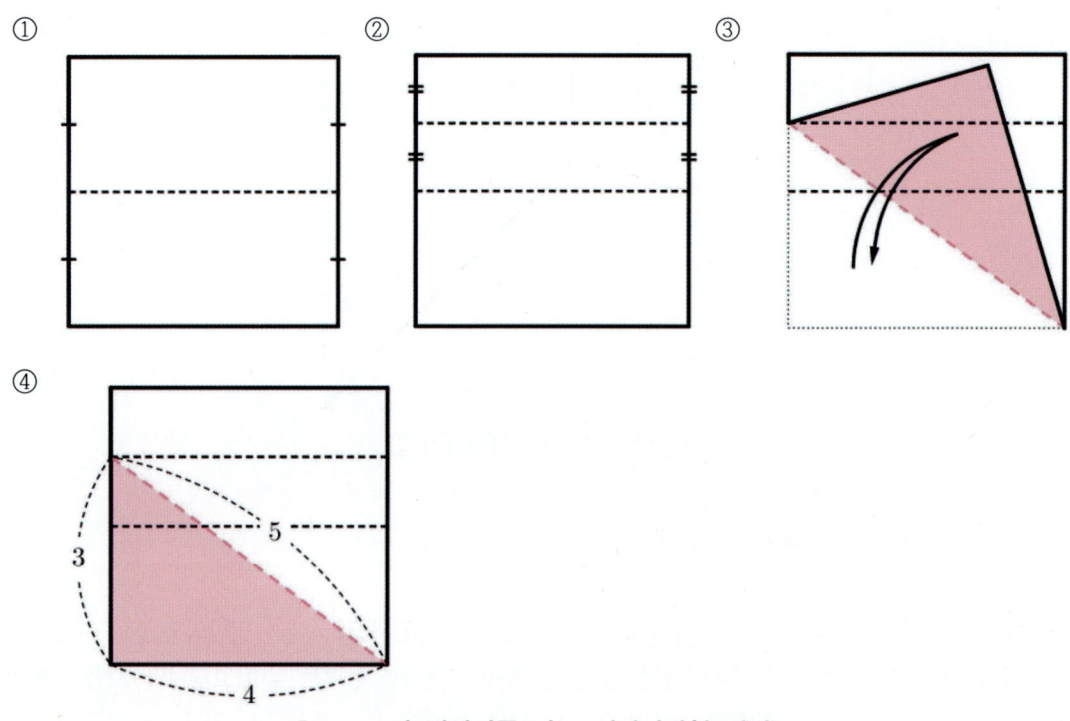

【3:4:5의 길이비를 갖는 직각삼각형 접기】

이렇게 접을 것을 예상하셨나요? 그렇습니다. 직각으로 된 3:4의 길이의 비는 이렇게 $\frac{3}{4} : \frac{4}{4}$의 길이를 잡으면 쉽게 만들 수 있죠. 그런데 이것 말고도 다른 방법도 존재합니다.

2) 3:4:5의 길이비를 갖는 직각삼각형을 접는 법 (2)

<접는 법>

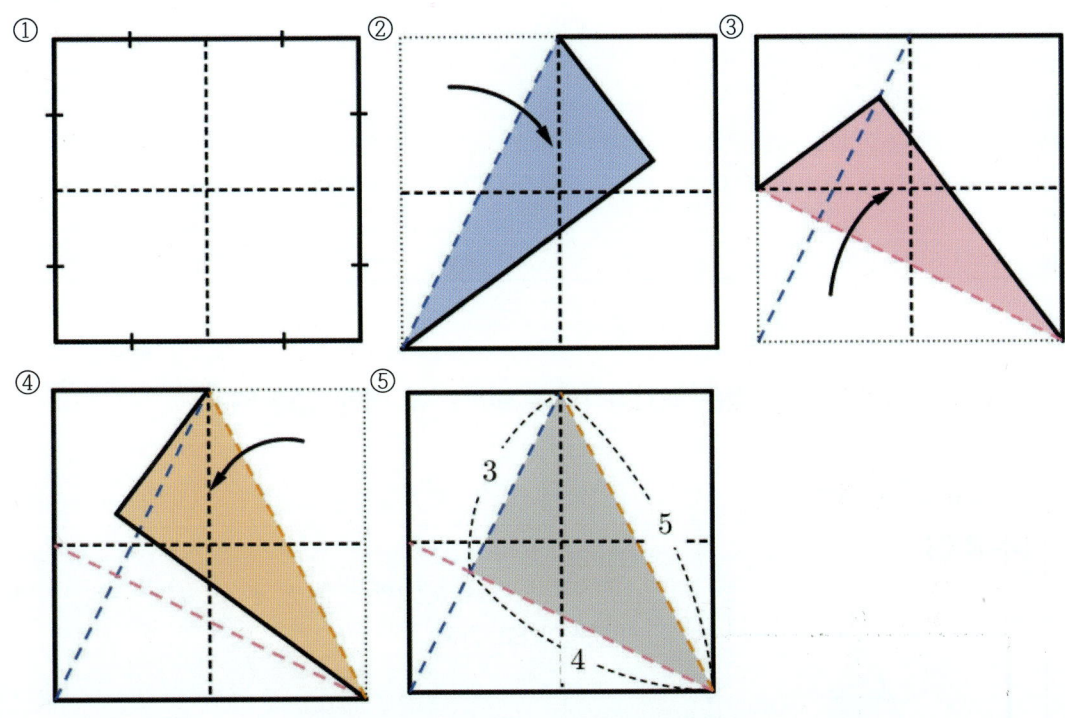

【3:4:5의 길이비를 갖는 직각삼각형 접기】

출처 : GoGeometry Action 130! (Tim Brzezinski)

질문 1. 방금 접은 삼각형이 정말 3:4:5의 길이의 비를 갖는 직각삼각형이 됨을 보여보세요.

질문 2. 혹시 [질문1]의 풀이를 다른 방법으로 작성하여 보세요.

$3:4:5$의 길이의 비를 갖는 직각삼각형이 될까? 에 대한 답의 예시

(1) 닮음만으로 설명하기

[왜냐하면]

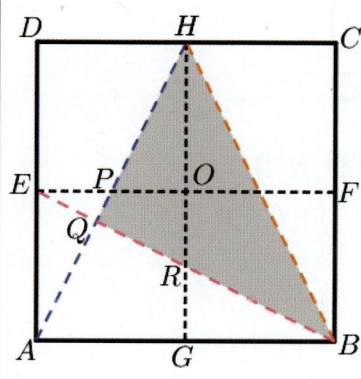

정사각형 $\square ABCD$에서 점 E, F, G, H은 각각 네 변의 중점이라고 하자.

(1) $\triangle ADH \equiv \triangle BAE \equiv \triangle BCH$이므로
$\therefore \overline{AH} = \overline{BE} = \overline{BH}$

(2) $\triangle AEP \backsim \triangle ADH$이고 $\overline{AE}:\overline{AD} = 1:2$이므로 점 P는 $\overline{EO}$의 중점이다.
$\triangle BGR \backsim \triangle BAE$이고 $\overline{BG}:\overline{BA} = 1:2$이므로 점 R는 $\overline{GO}$의 중점이다.

(3) $4 \times \overline{EP} = \overline{EF} = \overline{AB}$이므로 $\overline{EP}:\overline{AB} = 1:4$이다.
$\triangle PQE \backsim \triangle AQB$이므로 $\overline{EQ}:\overline{BQ} = 1:4$가 된다.
→ $\overline{BQ} = \frac{4}{5}\overline{BE} = \frac{4}{5}\overline{BH}$

(4) $2 \times \overline{GR} = \overline{OG} = \overline{AE} = \overline{OH}$이고 $\overline{GR} = \overline{OR}$이므로 $\overline{AE}:\overline{HR} = 2:3$이다.
$\triangle AQE \backsim \triangle HQR$이므로 $\overline{AQ}:\overline{HQ} = 2:3$가 된다.
→ $\overline{HQ} = \frac{3}{5}\overline{AH} = \frac{3}{5}\overline{BH}$

(5) 따라서 $\overline{HQ}:\overline{BQ}:\overline{BH} = \frac{3}{5}:\frac{4}{5}:1 = 3:4:5$가 된다. ∎

(2) 삼각비 활용하기

[왜냐하면]

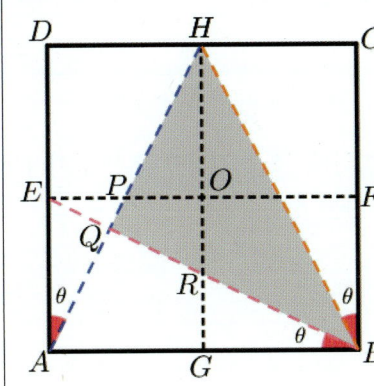

한 변의 길이가 1인 정사각형 $\square ABCD$에서 점 E, F, G, H은 각각 네 변의 중점이라고 하자.

(1) $\triangle ADH \equiv \triangle BAE \equiv \triangle BCH$이므로
∴ $\overline{AH} = \overline{BE} = \overline{BH}$

(2) $\angle CBH = \angle ABE = \angle DAH = \theta$ 라 하자.
$\triangle ADH$에서 $\overline{DH} : \overline{AD} : \overline{AH} = 1 : 2 : \sqrt{5}$ 이므로
$\cos\theta = \dfrac{2}{\sqrt{5}}$, $\sin\theta = \dfrac{1}{\sqrt{5}}$ 가 된다.

(3) $\triangle AQE$에서 $\overline{AQ} = \overline{AE}\cos\theta = \dfrac{1}{\sqrt{5}}$

→ $\overline{HQ} = \overline{AH} - \overline{AQ} = \dfrac{\sqrt{5}}{2} - \dfrac{1}{\sqrt{5}} = \dfrac{3}{10}\sqrt{5}$

(4) $\triangle AQE$에서 $\overline{EQ} = \overline{AE}\sin\theta = \dfrac{1}{2\sqrt{5}}$

→ $\overline{HQ} = \overline{AH} - \overline{AQ} = \dfrac{\sqrt{5}}{2} - \dfrac{1}{2\sqrt{5}} = \dfrac{4}{10}\sqrt{5}$

(5) $\overline{BH} = \dfrac{1}{\cos\theta} = \dfrac{\sqrt{5}}{2}$ 이므로

$\overline{HQ} : \overline{BQ} : \overline{BH} = \dfrac{3}{10}\sqrt{5} : \dfrac{4}{10}\sqrt{5} : \dfrac{1}{2}\sqrt{5} = 3 : 4 : 5$ ∎

3 정오각형과 정육각형을 멋지게 접기

정다각형 중 정오각형과 정육각형을 접는 법에 대한 것을 소개합니다. 조금 길지만 천천히 따라해 보세요. 이 방법을 개발한 종이접기 예술가들은 참으로 놀랍습니다. 다른 정다각형은 나중에 수학과 함께 다루고자 합니다.

가. 정오각형 편지봉투 접기

<접는 법>

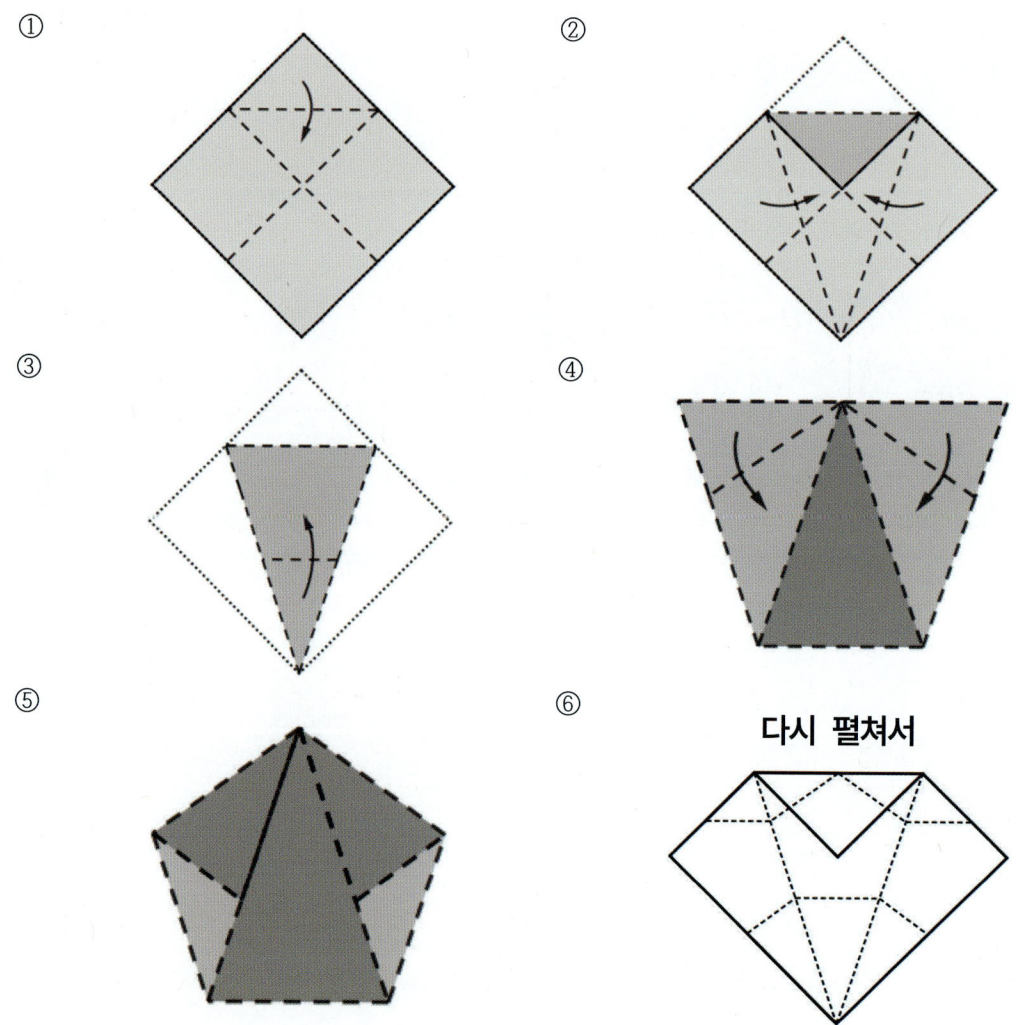

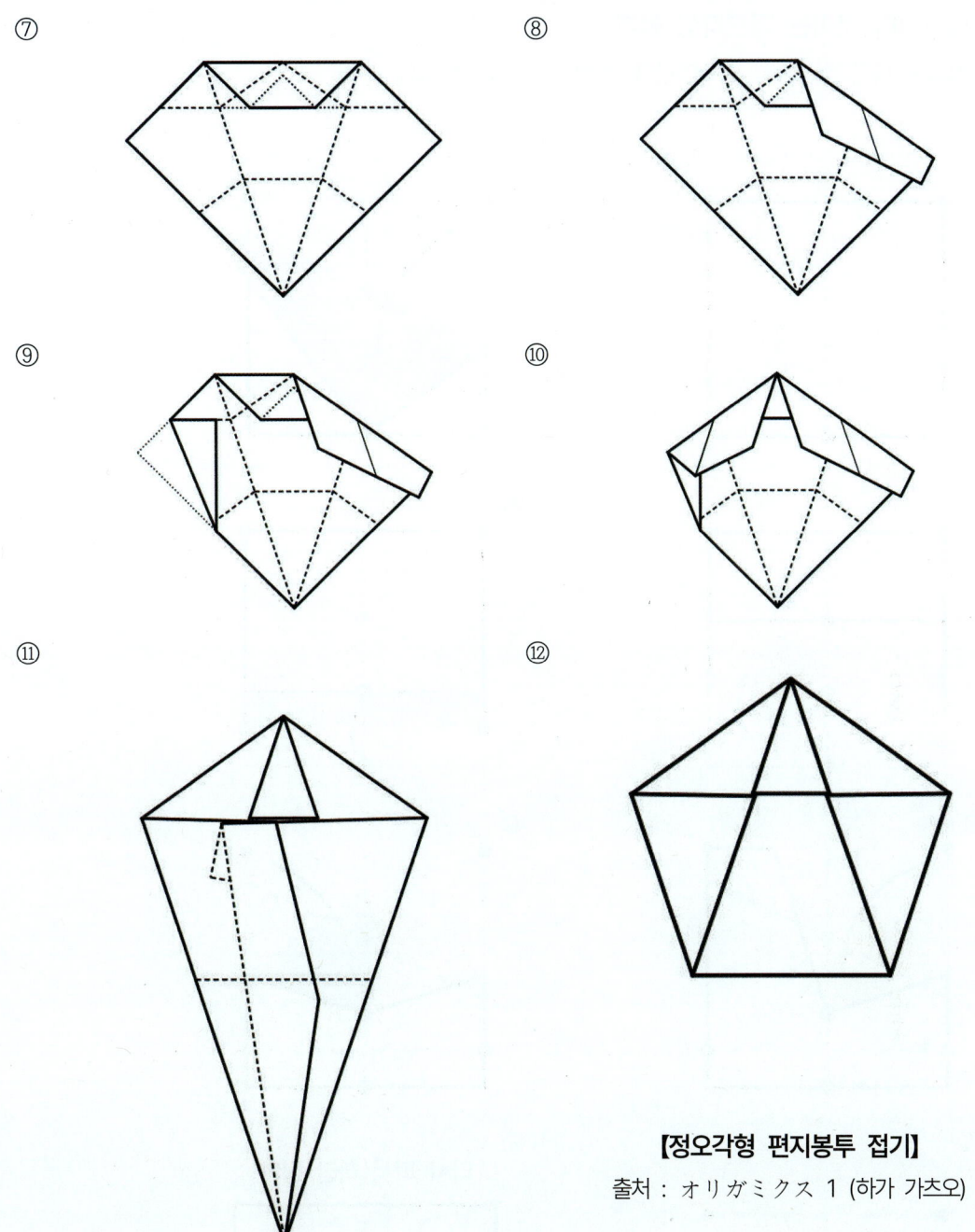

【정오각형 편지봉투 접기】
출처 : オリガミクス 1 (하가 가츠오)

그런데 이 정오각형은 정말로 정오각형이 될까?

Ⅲ. 재미난 종이접기 활동

나. 대각선이 보이는 정오각형 접기

앞서와는 다른 정오각형 접기입니다. 천천히 따라와 보세요.

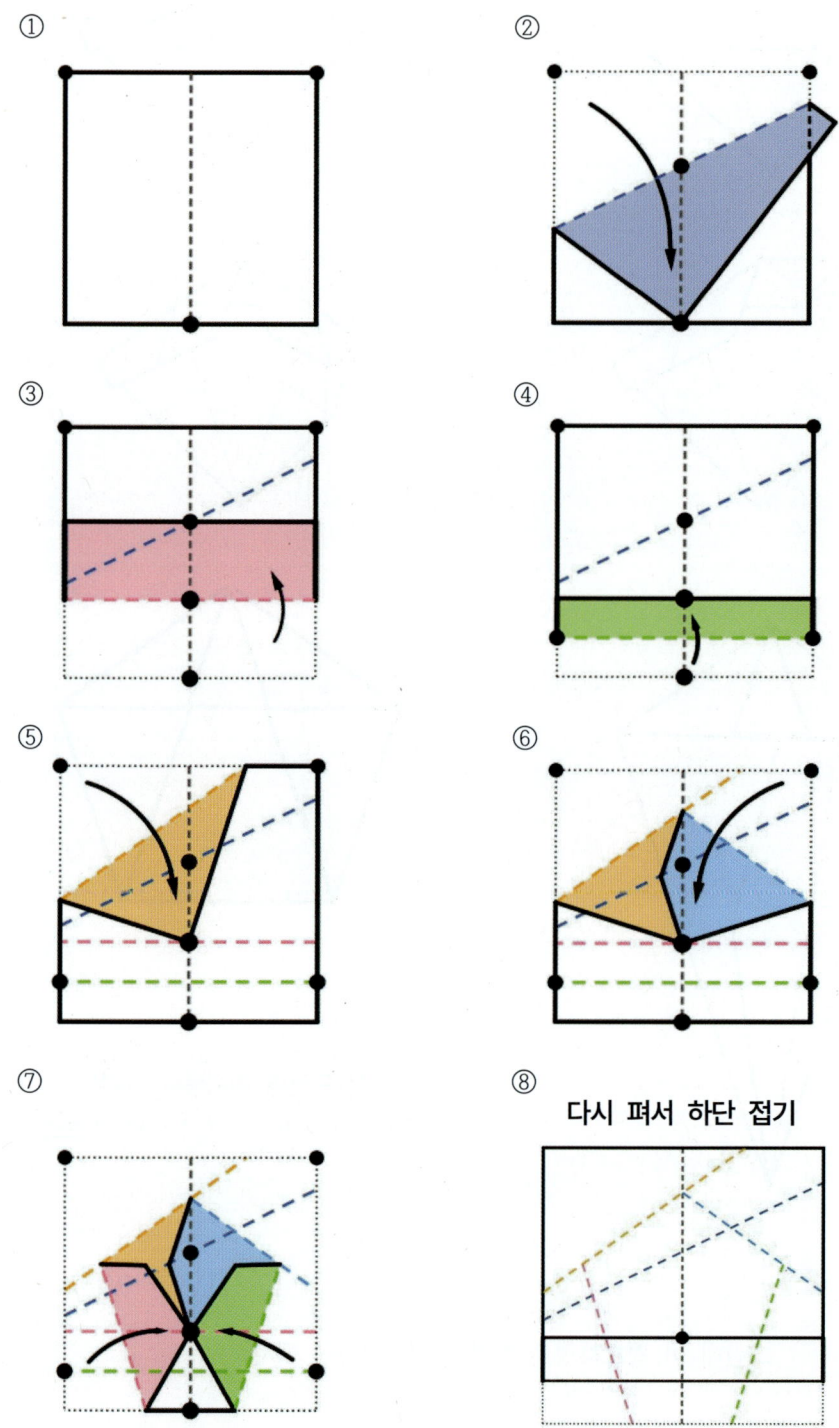

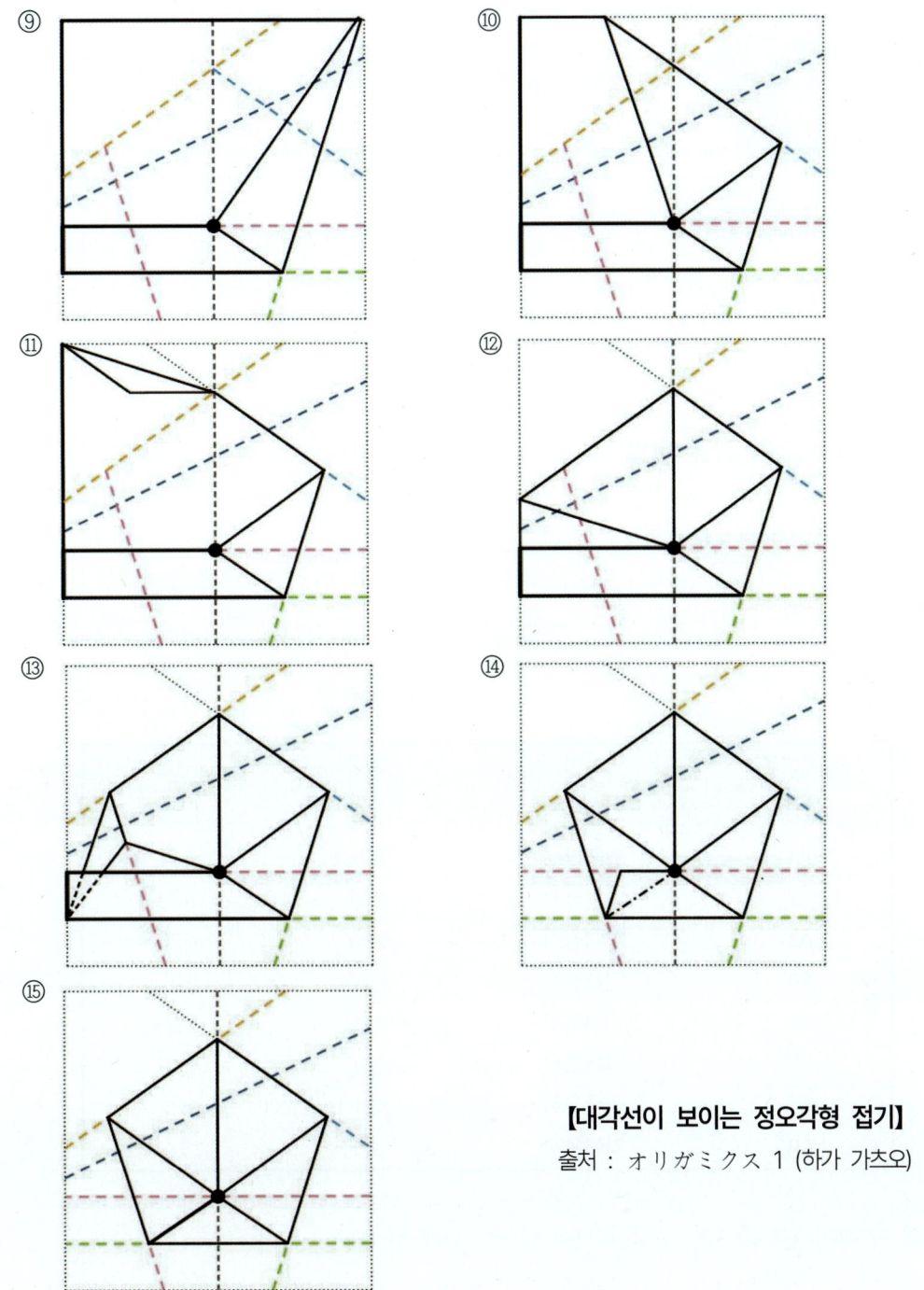

【대각선이 보이는 정오각형 접기】

출처 : オリガミクス 1 (하가 가츠오)

이 정오각형도 정말로 정오각형이 될까?

4 색종이와 A4용지

학교 교실에서 수업의 학습지로 혹은 가정통신문으로 A4용지는 학생들이 가장 많이 접하는 종이일 것입니다. 혹은 학교 밖에서 전단지로도 흔히 만나는 종이의 형태가 바로 A4와 같은 비율을 가집니다. 그럼 A4의 특징을 살펴본 뒤 A4용지와 관련된 종이접기를 해보겠습니다.

가. A4용지의 크기가 가진 비밀

학교 혹은 사무실에서 가장 많이 사용하는 인쇄 종이는 단연코 A4일 것입니다. 가장 큰 사이즈인 A0부터 정말 작은 사이즈인 A10까지 다양한 크기로 제작됩니다. 약간 큰 사이즈인 용지로 B시리즈도 있습니다. 역시 B0부터 B10까지의 사이즈로 제작됩니다. A판의 종이들 각각의 크기는 아래 표와 같습니다.

단위 : mm

용지이름	설명	가로	세로
A0	인쇄용지	841	1189
A1	인쇄용지	594	841
A2	인쇄용지	420	594
A3	인쇄용지	297	420
A4	인쇄용지	210	297
A5	인쇄용지	148	210
A6	인쇄용지	105	148
A7	인쇄용지	74	105
A8	인쇄용지	52	74

그런데 저 종이 길이를 보면 누구나 한번 쯤 생각하게 됩니다.

> 아니 길이가 200×300㎜ 같은 딱 떨어지는 단위가 아니고 왜 저렇게 이상한 숫자가 되게 길이를 만들었지?

인쇄 산업이 다른 산업과 발맞추어서 급격히 발전하던 19세기 말의 이야기입니다. 지금도 마찬가지입니다만, 인쇄용지를 만들기 위해 잘 사용하는 용지들의 규격에 맞추어서 종이를 잘라서 사용했습니다. 하지만 종이를 현장에서 요구하는 다양한 크기로 자르다 보면 버려지는 조각들이 계속 생깁니다. 한 장이라면 얼마안되는 양이지만, 공장에서 생산되는 종이의 양을 생각하면 엄청난 양이 되었습니다. 이에 독일에서는 이렇게 버려지는 종이의 양을 최소로 하고자 새로운 종이의 규격을 정하고자 합니다.

여기에 독일의 물리화학자인 프레드릭 빌헬름 오스트발트(Friedrich Wilhelm Ostwald, 1853-1932)는 1909년 직사각형 종이를 반으로 잘라도 원래의 종이와 그 가로, 세로의 비율이 같도록 하는 길이의 비율을 제시합니다. 바로 종이의 A,B 규격의 탄생입니다. 종이를 바로 반으로 잘라도 그 비율이 유지되어 버려지는 종이가 혁신적으로 줄어든 A,B판은 결국 1922년 독일공업규격(DIN) 476호로 제정되어 전세계적으로 사용되는 종이의 규격으로 인정되었습니다.

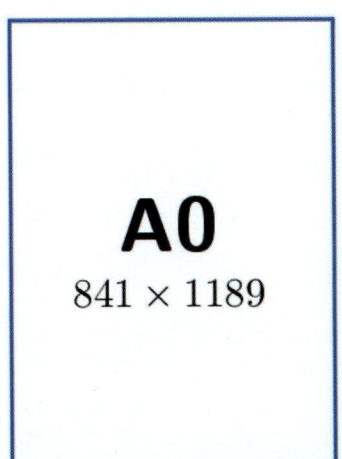
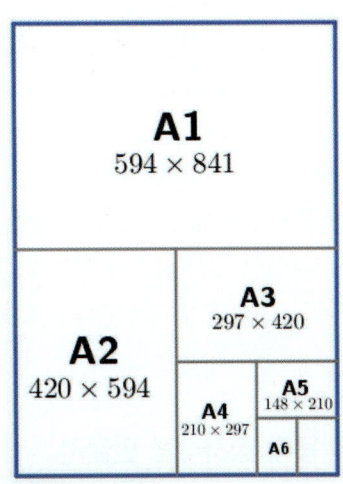

【A판 종이의 규격(단위 : ㎜)】

이렇게 A, B 판이 만들어졌습니다. 이 종이는 절반으로 잘라도 가로, 세로의 비율이 같습니다. 한번 이 직사각형 종이의 긴 변과 짧은 변의 길이 비를 구해봅시다. 아래 그림과 같이 A판 종이가 있을 때, $\overline{AB} = 1$, $\overline{BC} = x$라고 하겠습니다. 이때, □ABCD와 □ABFE는 서로 닮은 직사각형입니다.

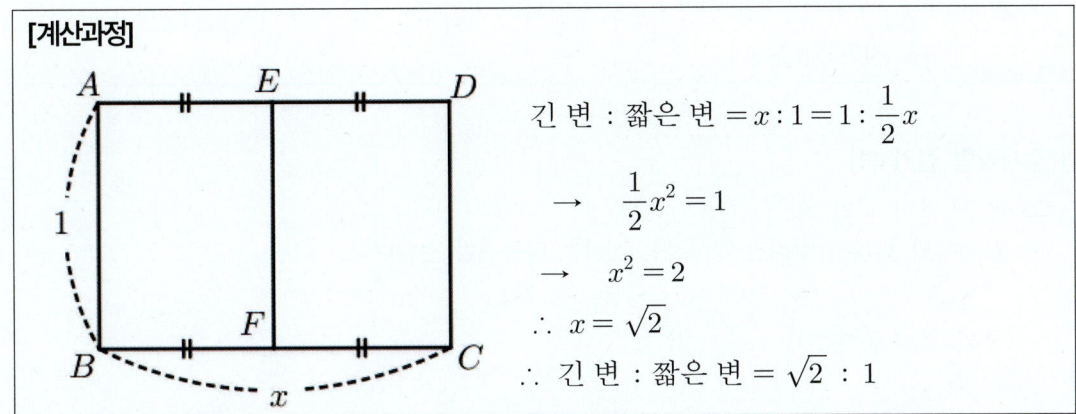

[계산과정]

긴 변 : 짧은 변 $= x : 1 = 1 : \dfrac{1}{2}x$

→ $\dfrac{1}{2}x^2 = 1$

→ $x^2 = 2$

∴ $x = \sqrt{2}$

∴ 긴 변 : 짧은 변 $= \sqrt{2} : 1$

이 계산 결과를 보고 실제로 위의 A판 용지 길이비를 확인해보면 아래와 같습니다.

단위 : mm

용지이름	설명	가로	세로	길이비
A0	인쇄용지	841	1189	1.413793
A1	인쇄용지	594	841	1.415825
A2	인쇄용지	420	594	1.414286
A3	인쇄용지	297	420	1.414141
A4	인쇄용지	210	297	1.414286
A5	인쇄용지	148	210	1.418919
A6	인쇄용지	105	148	1.409524

실제로 $\sqrt{2}=1.414\ldots$와 유사한 비율을 갖는 것을 확인할 수 있습니다. 다만 $\sqrt{2}$와 그 값이 일치하지 않는데, 이는 실제 종이를 자르면서 칼날에 눌려버리는 부분을 고려하여 변의 길이가 더 여유를 가지기 때문입니다. 그래서 실제 길이와 여유 길이의 비율적 차이가 큰 A6와 같은 종이는 그 길이비가 $\sqrt{2}$와 더 큰 차이를 갖는 것을 확인할 수 있습니다.

나. A4용지를 이용해 정사각형 만들기

수업시간에 교실에서 A4 용지에 인쇄된 학습지를 나누어주고 수업을 하다보면 가끔 학습지를 활용해서 종이접기를 하는 친구들을 만나게 됩니다. 비행기를 접기도 하고 가끔은 정사각형을 잘라내서 학을 접거나 곤충을 접어내기도 합니다. 저 또한 학창시절 시험이 끝나면 시험지를 이용해서 정사각형을 만들어낸 다음 종이로 여러 가지 모양을 접던 기억이 있습니다. 이 기억을 다시 되살려 정사각형을 만들어보겠습니다.

> **가정** : 편의상 A4 용지는 정확한 $1 : \sqrt{2}$의 길이의 비를 갖는 직사각형이라고 가정하고 다음 활동들을 진행하겠습니다.

1) 정사각형 접기 (1)

A4 용지로 가장 많이 알려진 정사각형 접기는 다음처럼 접습니다.

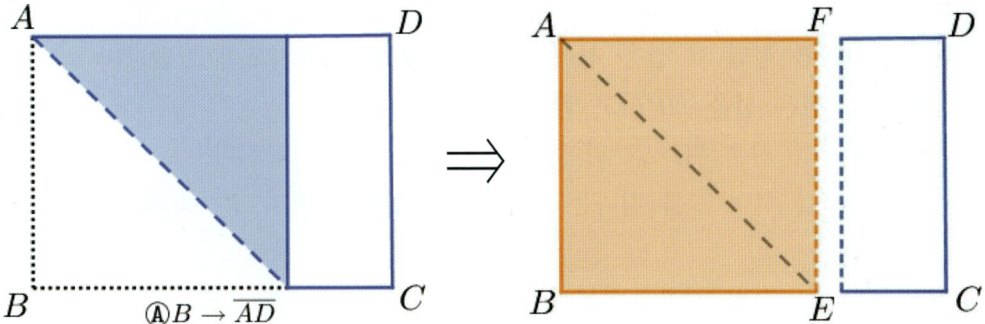

이 종이접기 방법은 ⒶB → $\overline{AD}$에서 볼 수 있듯이 컴퍼스 접기를 이용해서 $\overline{AD}$ 위에 $\overline{AB}$와 같은 길이를 갖는 변을 찾는 것이 핵심입니다. 그런데 이 접기 방법에는 아쉬운 점이 두 가지 있습니다.

첫 번째는 이 접기 방법이 컴퍼스 접기를 사용하여 접기 때문에 $\overline{AD} = \sqrt{2}$라는 길이가 접는 것에 전혀 관여하지 않습니다. $\overline{AD} = 2$여도 $\overline{AD} = 3$이어도 전혀 상관이 없습니다. 기껏 앞서 A4용지의 길이의 비가 '긴 변 : 짧은 변 = $\sqrt{2}$: 1'임을 알아보았는데, 아쉽기 짝이 없습니다.

두 번째는 위 그림에서 보이듯이 역시 컴퍼스 접기를 사용하기에 필연적으로 $\overline{AE}$라는 대각선으로 접은 선 자국을 남기게 됩니다. 이 접은 선은 종이접기에서 많이 쓰는 접은 선이기 때문에 보통은 문제가 되지 않습니다. 하지만 그래도 기왕이면 깨끗한 상태로 시작할 수 있으면 더 좋지 않을까요?

2) 정사각형 접기 (2)

이번엔 방금 문제가 된 $\overline{AE}$를 남기지 않는 방법을 소개합니다. 대각선으로 접은 $\overline{AE}$를 남기지 않으려면 A4용지의 길이비가 긴 변 : 짧은 변 = $\sqrt{2}$: 1가 됨을 반드시 이용해야 합니다.

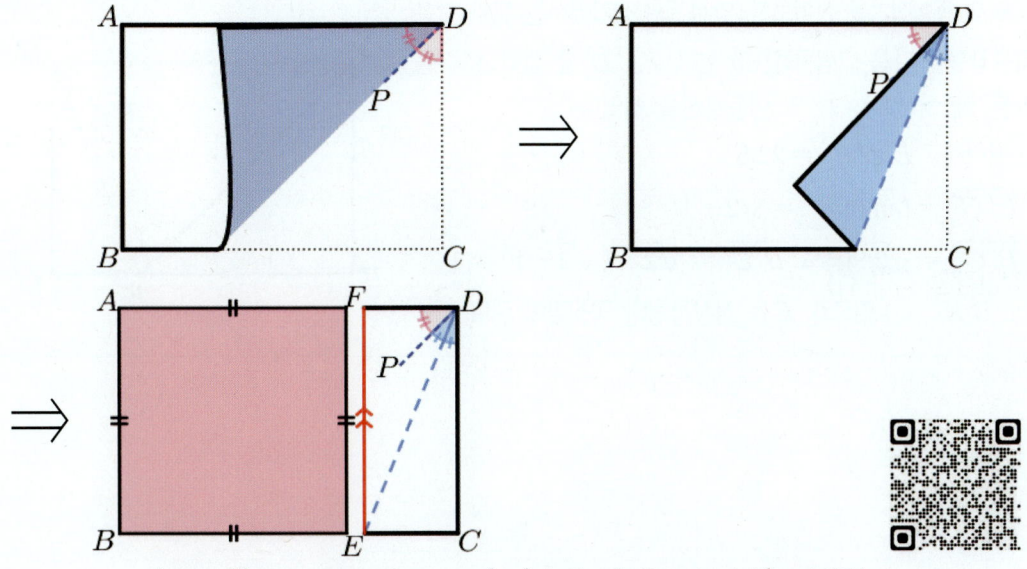

https://www.geogebra.org/m/ehcfxufa#material/gmkjj74s

<접는 법>

① ⒟$C \to \overline{AD}$를 접되 그 접은 선이 D로부터 조금만 생기도록 접습니다. 방금 생긴 접은 선을 $\overline{DP}$라고 합시다.

② ⒟$C \to \overline{DP}$를 접은 뒤, $\overline{BC}$ 위에 생기는 점을 E라고 합시다.

③ ⒠$C \to \overline{BC}$를 하여 E를 지나는 $\overline{BC}$의 수직선을 접으면 정사각형 완성입니다.

그림 위와 같이 접으면 정사각형을 접을 수 있을까요? $\overline{BE} = 1$이 됨을 보일 수 있으면 이 질문에 대한 답이 될 듯 합니다.

[왜냐하면]

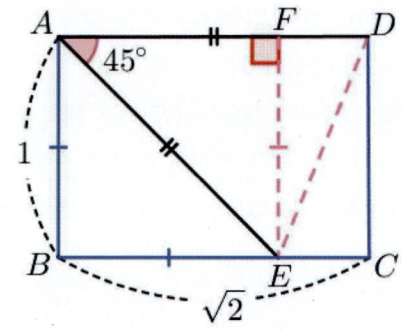

왼쪽 그림의 직사각형 $\square ABCD$에서 $\overline{AB} = 1$, $\overline{BC} = \sqrt{2}$, $\square ABEF$는 정사각형이라고 하자.
정사각형의 대각선 $\overline{AE} = \sqrt{2}$이므로
$$\overline{AE} = \overline{AD} = \sqrt{2}$$
∴ $\triangle AED$는 이등변삼각형이다.
이때, $\angle EAD = 45°$이므로
∴ $\angle AED = \angle ADE = 67.5°$
따라서 $\angle EDC = 22.5°$이므로
$\overline{EC} = \tan 22.5° = \sqrt{2} - 1$가 된다.

이제 종이접기를 살펴보자. 앞서 종이접기에서는 위와 같은 직사각형을 다음 그림처럼 ⒟$'C' \to \overline{A'D'}$를 접어 $45°$를 만든 뒤, $\angle C'D'P'$의 이등분선을 접었다.

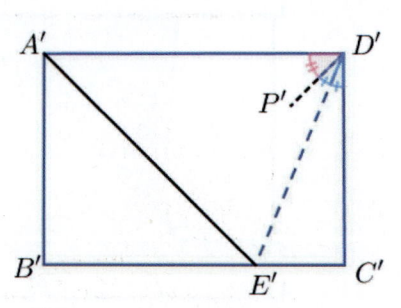

따라서 $\angle E'D'C' = 22.5°$
$\overline{E'C'} = \tan 22.5° = \sqrt{2} - 1$
$\overline{B'C'} = \sqrt{2}$이므로 $\overline{B'E'} = \sqrt{2} - (\sqrt{2} - 1) = 1$
∴ $\overline{B'E'} = 1$이므로 E는 정사각형의 꼭짓점이 된다. ■

다. 색종이로 $1:\sqrt{2}$ 비율 직사각형 접기

이번엔 색종이를 이용하여 가로세로 길이의 비가 $1:\sqrt{2}$ 인 직사각형를 접어보도록 하겠습니다. 긴 변은 색종이의 변을 그대로 이용할 예정이기 때문에, 짧은 변의 길이 $\frac{1}{\sqrt{2}}$ 를 만드는 것이 관건입니다.

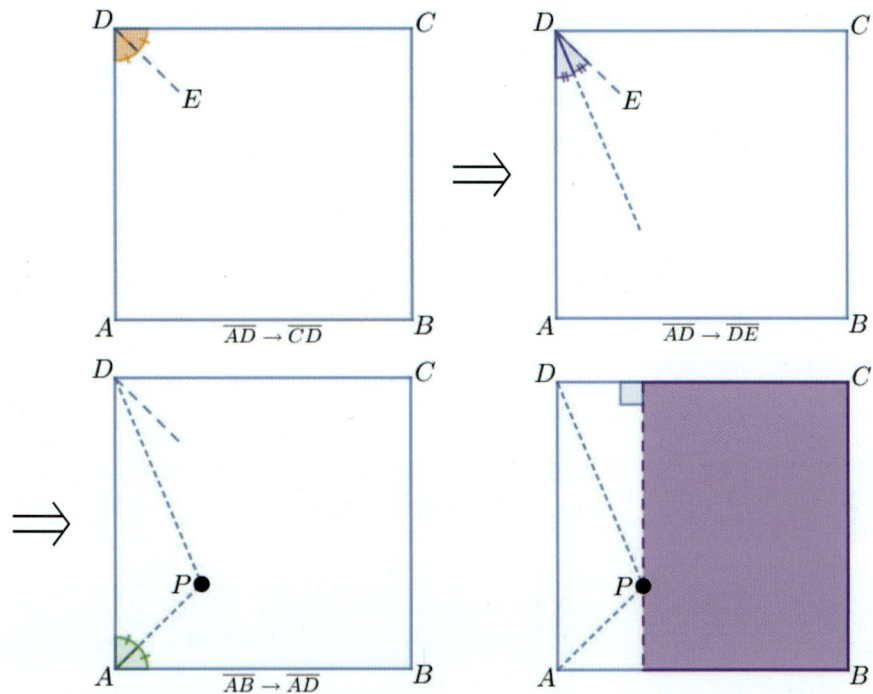

<접는 법>

① $\overline{AD} \to \overline{CD}$ 를 접되 그 접은 선이 D 로부터 조금만 생기도록 접습니다. 방금 생긴 접은 선을 $\overline{DE}$ 라고 합시다.

② $\overline{AD} \to \overline{DE}$ 를 접되 ①처럼 그 접은 선이 D 로부터 조금만 생기도록 접습니다.

③ $\overline{AB} \to \overline{AD}$ 를 접어 접은 선과 ②의 접은 선을 천천히 연장해 서로 만나도록 합니다. 이때 교점을 P 라 합시다.

④ P 를 지나고 $\overline{AB}$ 에 수직인 선을 접으면 길이의 비가 $1:\sqrt{2}$ 인 직사각형을 접을 수 있습니다.

그럼 위와 같이 접으면 가로세로의 길이의 비가 $1:\sqrt{2}$ 직사각형이 정말로 나타날까요? 정사각형 색종이의 한 변의 길이가 $\sqrt{2}$ 일 때, 방금 접어낸 직사각형의 짧은 변의 길이가 1 이 됨을 보일 수 있으면 이 질문에 대한 답이 될 듯 합니다.

[왜냐하면]

왼쪽 그림과 같이 한 변의 길이가 $\sqrt{2}$ 인 정사각형 □ABCD가 있다고 하자.

선분 $\overline{AC}$ 위의 점 P에 대해 $\overline{CP}=\sqrt{2}$ 라고 하고, 점 P를 지나고 선분 $\overline{AB}$의 수직선이 $\overline{AB}$, $\overline{CD}$와의 교점을 각각 E, F라고 이름 붙이자.

△CPF는 ∠PCF = 45° 이므로 직각이등변삼각형이 되고, $\overline{CF}=1$이다. $\overline{BC}=\sqrt{2}$ 이므로 □CFEB는 $1:\sqrt{2}$ 의 길이의 비를 갖는 직사각형이 된다.

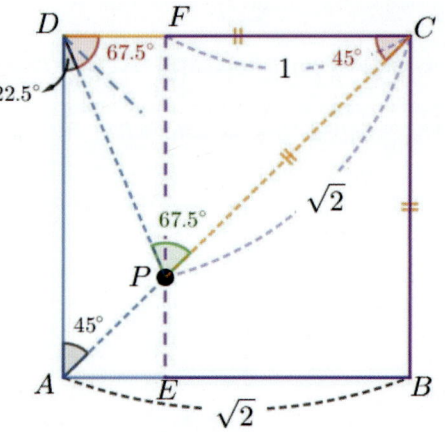

따라서 점 P를 찾을 수 있으면 $1:\sqrt{2}$ 의 길이의 비를 갖는 직사각형을 만들 수 있다.

점 P의 특징을 알아보자. △CDP는 이등변삼각형이고 ∠DCP = 45° 이므로 ∠CDP = ∠CPD = 67.5° 이다.
∴ ∠ADP = 22.5°

점 P는 선분 $\overline{AD}$에서 ∠CAD = 45° 인 선과 ∠PDA = 22.5° 인 선의 교점이다.

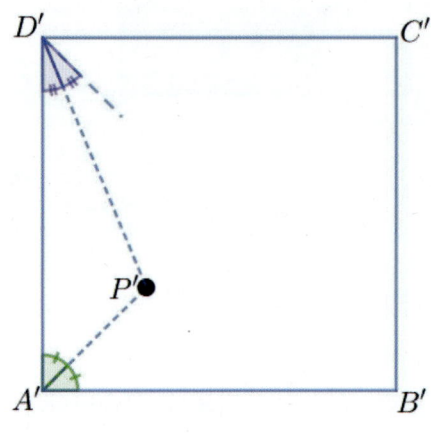

위 종이접기에서 왼쪽 그림과 같이
② $\overline{A'D'} \to \overline{D'E'}$를 이용해 ∠P'D'A' = 22.5° 를 만들었고,
③ $\overline{A'B'} \to \overline{A'D'}$를 이용해 ∠P'A'D' = 45° 를 만들었다.

$\overline{AD} = \overline{A'D'}$이고
∠ADP = ∠A'D'P' = 22.5°
∠CAP = ∠C'A'P' = 45° 이다.

한변과 양 끝각이 서로 같으므로
∴ △APD ≡ △A'P'D' (ASA합동)

따라서 종이접기에서 찾은 점 P'는 $1:\sqrt{2}$ 의 길이비를 갖는 직사각형을 만들기 위한 점 P이다. ∎

라. A4용지를 사용해서 $\sqrt{n}$의 길이 만들기

이번엔 $\sqrt{n}$의 길이를 접는 법을 찾아보겠습니다. $\sqrt{n}$을 접는 아이디어는 작도에서 빌려오고자 합니다. 작도를 이용해서 $\sqrt{n}$의 길이를 만드는 방법은 여러 가지가 있습니다만, 가장 쉬운 것은 $\sqrt{n}$의 길이를 통해 $\sqrt{n+1}$의 길이를 만드는 방법입니다.

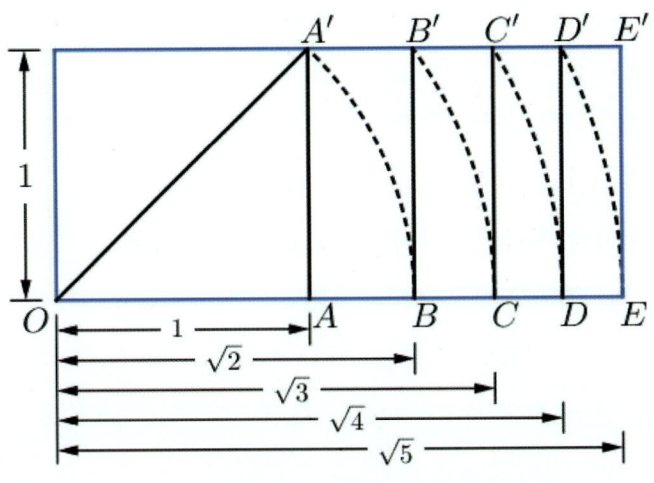

[작도로 $\sqrt{n}$을 만드는 방법]

(https://www.geogebra.org/m/ehcfxufa#material/ukax8jvr)

<작도 순서>

① 짧은 변의 길이가 1이고, 긴 변은 충분히 길도록 직사각형을 하나 작도한다.
   이때, 위 그림처럼 긴 변을 가로로 배치한다.
② 점 A에서 수선을 그려 윗변과 만나는 점을 A'이라 하자. 그러면 $\overline{OA'} = \sqrt{2}$가 된다.
③ $\overline{OA'} = \sqrt{2}$를 반지름으로 갖는 원호를 그려 밑변과 만나는 점을 B라 하자.
   그러면 $\overline{OB} = \sqrt{2}$가 된다.
④ 점 B에서 수선을 그려 윗변과 만나는 점을 B'이라 하자. 그러면 $\overline{OB'} = \sqrt{3}$이 된다.
⑤ $\overline{OB'} = \sqrt{3}$를 반지름으로 갖는 원호를 그려 밑변과 만나는 점을 C라 하자.
   그러면 $\overline{OC} = \sqrt{3}$가 된다.
⑥ 위 과정을 계속 반복하면 원하는 $\sqrt{n}$의 길이를 만들 수 있다.

[왜냐하면]

오른쪽 그림과 같은 1인 직사각형 □$OABC$가 있다고 하자.

$\overline{OA} = \sqrt{n}$, $\overline{OC} = 1$이므로 피타고라스 정리에 따라 대각선 $\overline{OB} = \sqrt{n+1}$이 된다.

이때, $\overline{OB} = \sqrt{n+1}$를 반지름으로 하는 원호를 그린 뒤, 밑변 $\overline{OA}$의 연장선과 만나는 점을 D라고 하자.

그러면 $\overline{OD} = x = \sqrt{n+1}$이 된다. ■

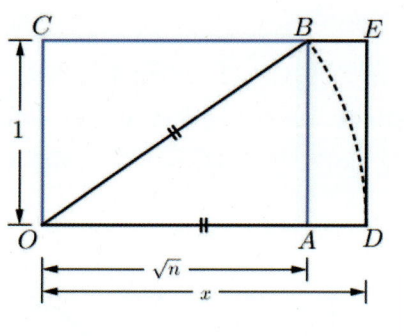

종이접기의 방법은 바로 이 작도의 과정을 그대로 이용합니다. 마침 A4용지는 가로세로의 길이의 비가 $1 : \sqrt{2}$이므로 이것을 바로 이용하겠습니다. 작도에 컴퍼스가 있듯이 종이접기에는 컴퍼스 접기가 있기 때문에 이를 활용합니다.

<접는 법>

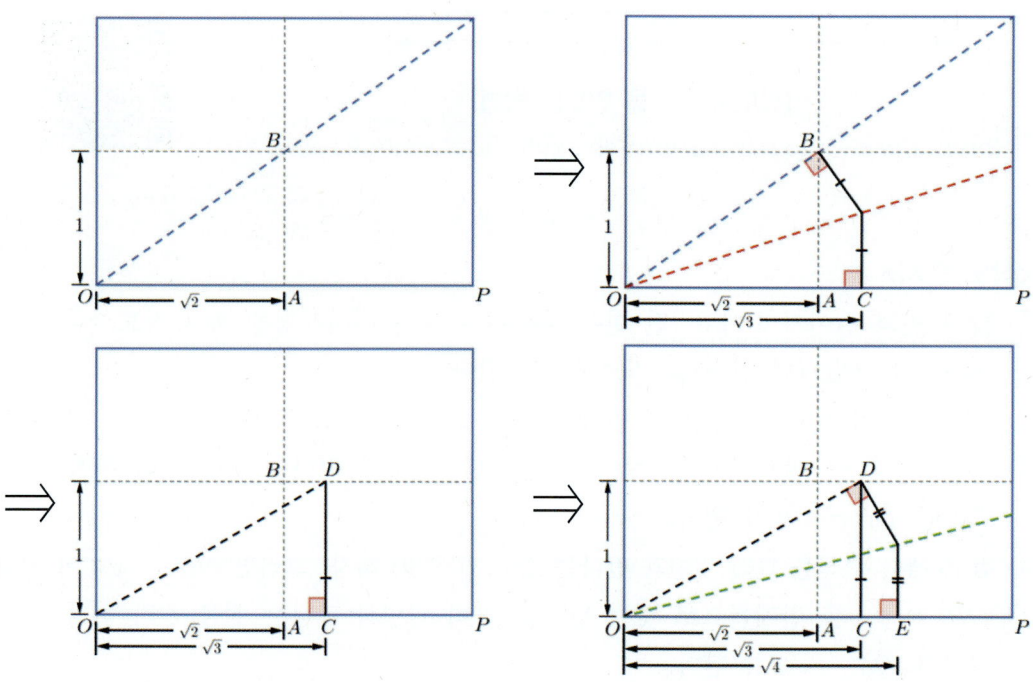

① A4용지를 가로접기, 세로접기, 대각선 접기를 각각 한 번씩 한다. 편의를 위해 짧은 변 길이의 절반을 1, 긴변 길이의 절반 $\overline{OA} = \sqrt{2}$라 하자. 대각선과 가로, 세로 중선이 만나는 점을 B로 두자. 그럼 $\overline{OB} = \sqrt{3}$이다.

② ⓞ $\overline{OB} \to \overline{OP}$ 를 하여 B를 $\overline{OP}$ 위로 옮긴 점을 C라 하자.
   그럼 $\overline{OC} = \overline{OB} = \sqrt{3}$ 이다.
③ ⓒ $P \to \overline{OC}$ 를 하여 C를 지나는 $\overline{OP}$의 수선이 가로 중선과 만나는 점을 D라 하자.
   그럼 $\overline{OB} = \sqrt{4}$ 가 된다.
④ ⓞ $\overline{OD} \to \overline{OP}$ 를 하여 D를 $\overline{OP}$위에 옮긴 점을 E라 하자.
   그럼 $\overline{OE} = \overline{OD} = \sqrt{4}$ 이다.
⑤ 위 과정을 계속 반복하면 원하는 $\sqrt{n}$의 길이를 만들 수 있다.

5 한 번에 잘라라

종이접기와 수학 그리고 이를 연결하는 활동을 연구하는 학자 중 MIT에서 컴퓨터공학을 가르치고 있는 에릭 드메인(Erik Demaine, 1981~)이라는 젊은 학자가 있습니다. 종이접기에 관해서도 많은 연구 활동과 더불어 종이접기의 성질을 가볍게 체험할 수 있는 활동들을 소개하였습니다. 우리나라에 가장 많이 알려진 그의 종이접기 활동이 바로 「한 번에 잘라라」 입니다. 어떤 활동인지 바로 살펴보죠.

만약에 아래와 같은 검은색 정사각형을 종이에서 잘라내고 싶다면 칼로 직선을 몇 번 그어야 할까요?

【한 번에 자르려면?】

보통이라면 자를 대고 정사각형의 네 변에 한 번씩 칼질하여야 하므로 4번이 필요할 것입니다. 그런데, 만약 이 종이를 접는다면요? 이렇게 접으면 한 번만 직선으로 가위질하면 됩니다.

【종이를 접으면 한 번의 가위질로 자를 수 있다.】

이렇게 종이접기의 성질을 이용하여 다양한 도형을 자르는 것에 도전하는 것이 「한 번에 잘라라.」 입니다. 이 활동은 굉장히 긴 역사를 가지고 있습니다. Fold and One Straight Cut으로도 알려진 이 활동은 일본의 한 퍼즐 모음집인 와고쿠 치에쿠라베(和国知恵較)[5](環中仙,1727)에 이치소도몬다이(一小刀

---
[5] Wakoku Chiekurabe (KanChuSen, 1727) : 일본 지혜 모음집, 칸쥬센 저

問題)라는 이름으로 실린 것이 처음으로 알려져 있습니다. 현재는 발전하여서 다양한 꽃이나 눈송이를 만드는 데에도 응용되고 있죠. 대칭성을 학생들에게 가르치는 용도로도 사용되고요. 재미있는 것은 앞서는 확인하지 않았지만, 정오각형 만들기 방법 중에도 이 방법을 사용하는 종이접기가 있습니다.

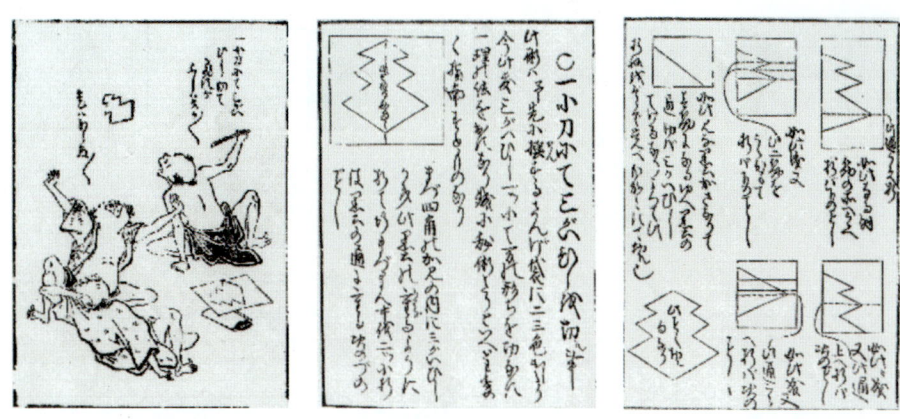

【和国知恵較에 실린 한 번에 잘라라 문제 (一小刀問題)】

◆정오각형 접고 잘라서 만들기◆

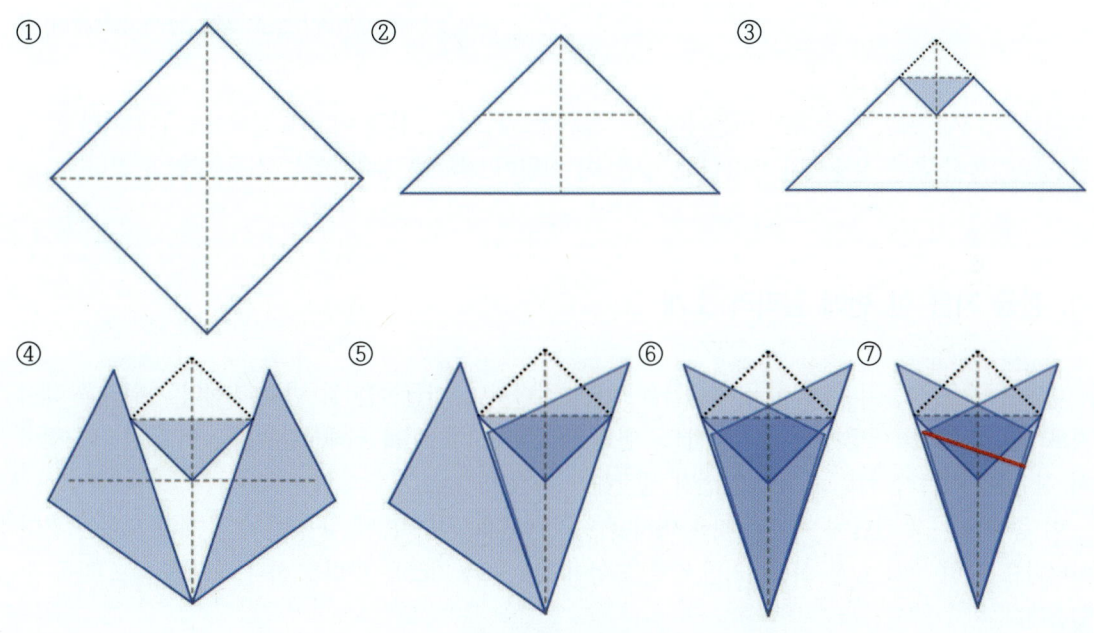

【정오각형 자르기】

출처 : 초등 수학 공부를 위한 수학 종이접기(오영재)

그런데 이 정오각형은 정말로 정오각형이 될까?

Ⅲ. 재미난 종이접기 활동   97

◆눈송이 만들기◆

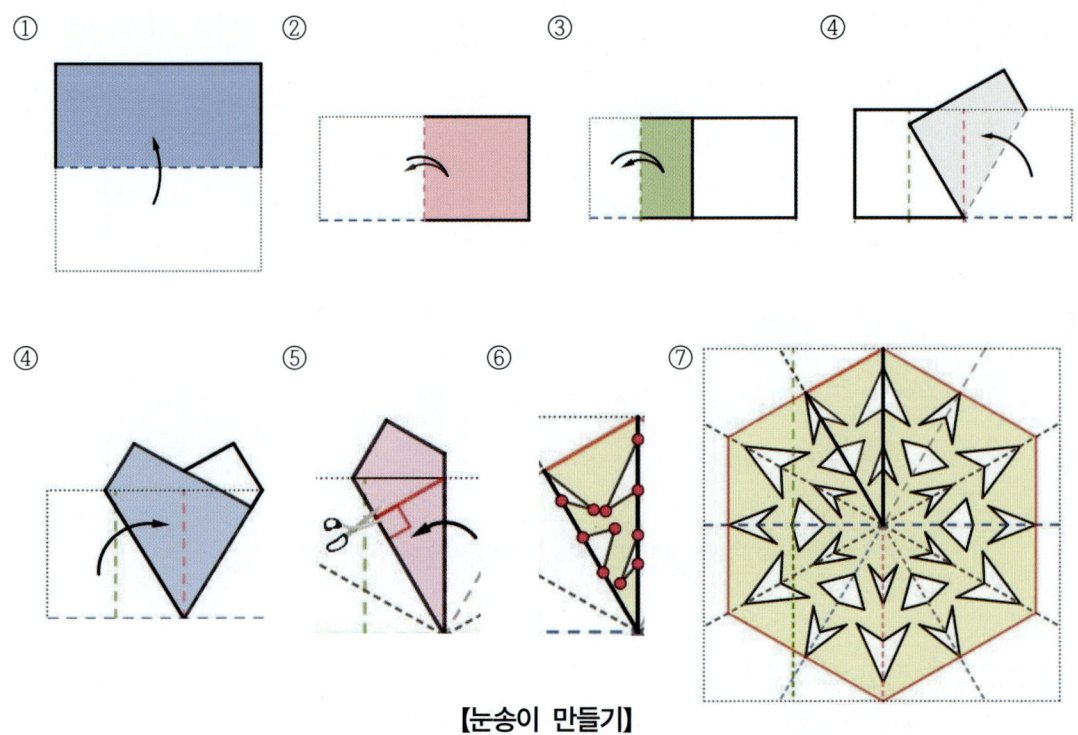

【눈송이 만들기】

출처 : https://mathcraft.wonderhowto.com[6]

하나 보이시나요? 이 눈송이 만들기에서 「⑤ 자르기」하는 선을 어떻게 선택하느냐에 따라 ⑦처럼 정육각형이 혹은 눈송이가 나옵니다. 실은 이 방법이 정확한 정육각형을 접는 방법의 하나에요.

가. 한글 자음 한 번에 잘라라 소개

다음과 같은 색종이 위에 한글 자음들을 그려놓았습니다. 한글들을 한 번의 직선의 가위질을 해서 자르려면 색종이를 어떻게 접어야 할까요? 한번 생각해봅시다. 이를 위해서는 이 중 어떤 자음이 접어서 한 번에 자르기 쉬운 도형인지 먼저 생각해야 하겠죠?

이 중에서 가장 간단해 보이는 것은 역시 ㄱ, ㄴ, ㄷ, ㅁ 정도가 될 것 같습니다. 제일 도형이 간단하니까요. 특히 ㄱ과 ㄴ은 회전시키면 같은 도형이므로 ㄱ을 자르는 방법을 하나 찾으면 ㄴ도 자를 수 있습니다.

---

[6] https://mathcraft.wonderhowto.com/how-to/make-6-sided-kirigami-snowflakes-0131796

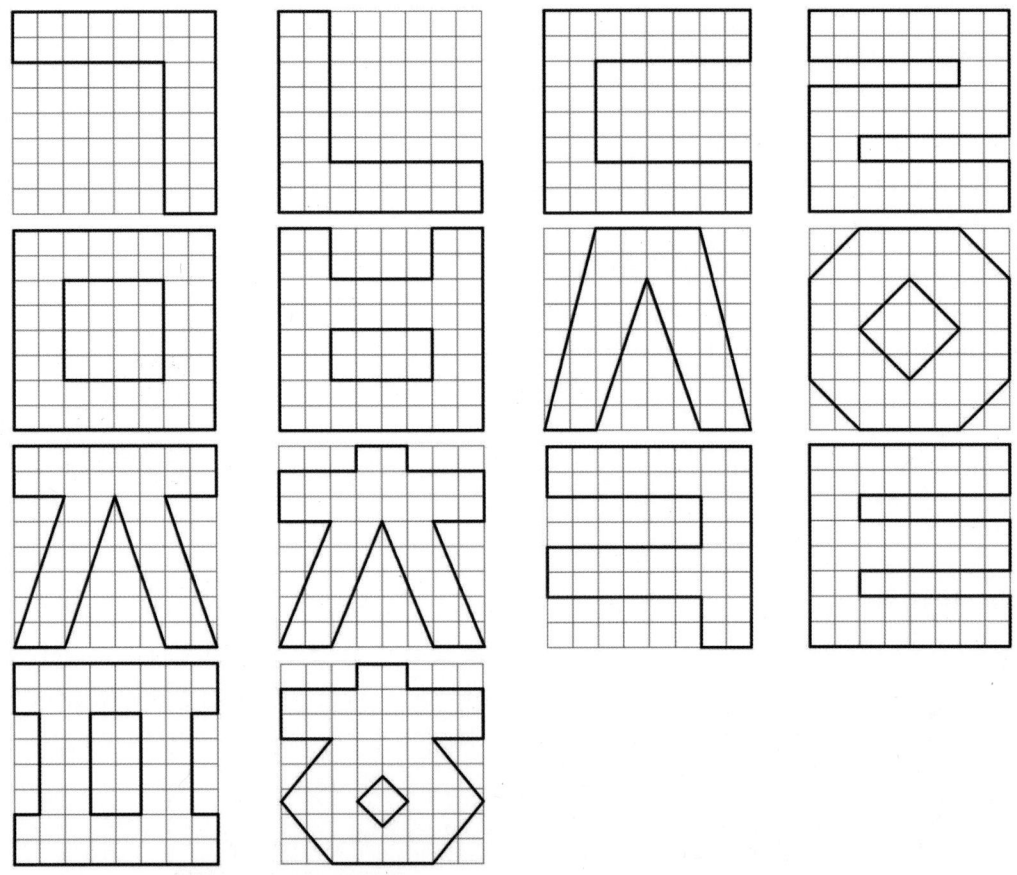

[간략하게 표현한 한글 자음]

그러면 생각해봅시다. 앞서 정사각형 자르기를 볼까요? 정사각형은 ㅁ과 생김새가 같습니다. 정사각형 자르기는 실제로는 ㅁ 자르기라고 생각해도 무방하겠군요. 이미 ㅁ 자르기를 이미 할 줄 아는 상황이네요. 거기에 ㅁ 자르기의 2단계는 ㄱ과 ㄴ과 모양이 같습니다. 벌써 우리는 ㄱ, ㄴ, ㅁ의 세 글자를 만들 수 있는 상태군요.

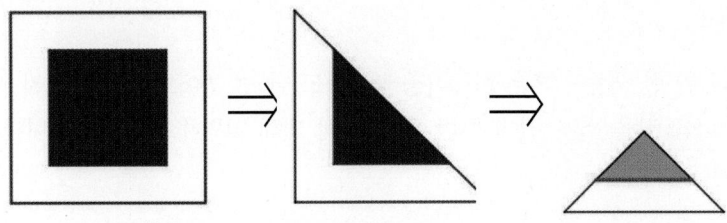

[정사각형 한 번에 자르기는 ㄱ, ㄴ, ㅁ 만들기이다.]

Ⅲ. 재미난 종이접기 활동

그럼 어째서 정사각형 한 번에 자르기가 가능했던 것일까요? 다시 천천히 살펴봅시다. 잘라내려는 정사각형의 네 변에 번호를 붙여서 각각 ① ~ ④라고 하겠습니다.

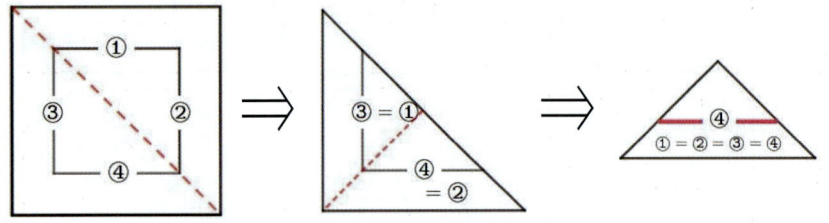

[변을 겹치도록 접은 선의 특징은?]
(https://www.geogebra.org/m/ehcfxufa#material/pcxwqsys)

처음 접었을 때, 2단계에서 변이 서로 겹치면서 ① = ③, ② = ④가 됩니다. 그리고 한 번 더 접으면서 3단계에서 ③ = ④가 되니 결국 ① = ② = ③ = ④가 되는 결과를 얻게 됩니다. 따라서 한 번에 자르려면 변을 겹치게 접어야 합니다. 종이접기에서는 항상 선분을 겹치게 접을 수 있음을 이미 확인했습니다. 그때, 선분을 겹치게 접는다는 것은 「종이접기의 공리 3」 바로 두 선분을 연장해서 만드는 두 직선이 이루는 각에 대해 「각의 이등분선 접기」 임을 확인했죠.

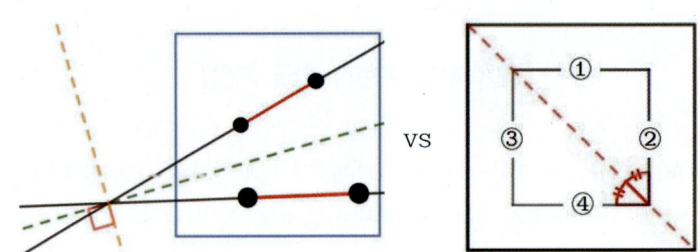

[두 선분을 겹치게 접은 선 = 각의 이등분선]

원리를 알았으니 한 번 색종이 혹은 학종이를 꺼내들고 한 번 접어보세요. 나머지 자음은 어떻게 접을 수 있을까요? 다음 장을 열기 전에 한번 접는 법에 대해 고민해보시기 바랍니다.

나. 한글 자음 한 번에 자르는 법 소개

1) ㄱ과 ㄴ을 자르는 법

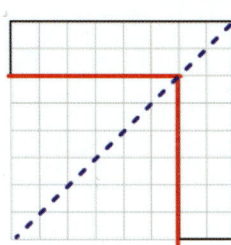

2) ㄷ을 자르는 법

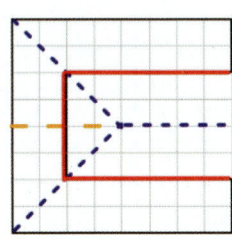

3) ㅁ을 자르는 법

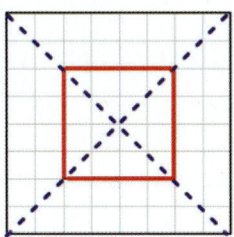

4) ㄹ을 자르는 법

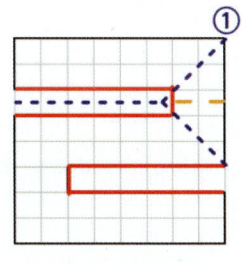
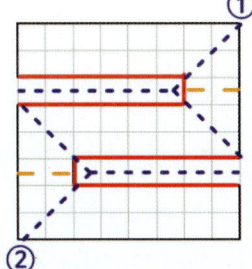
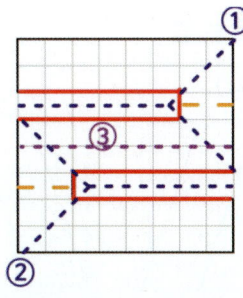

① 상단부를 ㄷ처럼 접는다.　② 하단부를 ㄷ처럼 접는다.　③ 가운데를 접는다.

5) ㅂ을 자르는 법

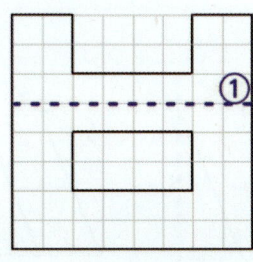
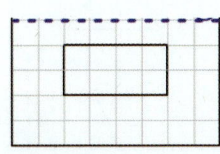
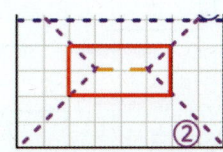

① 상단부를 가로로 접기　② ㅁ모양이 된다.　③ ㅁ처럼 접은 뒤 자른다.

Ⅲ. 재미난 종이접기 활동　101

6) ㅅ을 자르는 법

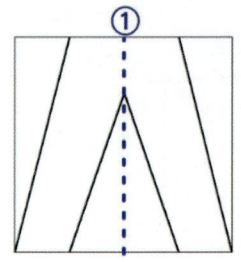 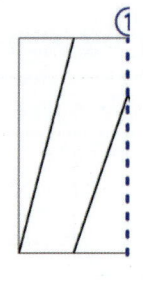 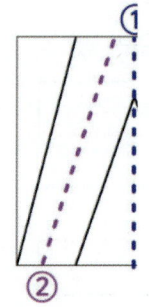

① 세로로 접는다.　　② 절반 모양　　③ / 방향 접기

7) ㅇ을 자르는 법

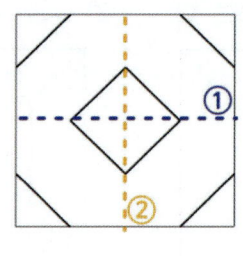 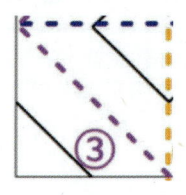

① 가로, 세로 중선 접기　　② 두 선이 겹치게 접는다.

8) ㅈ을 자르는 법

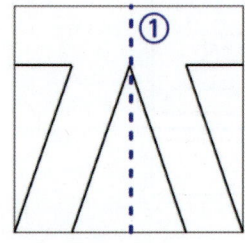  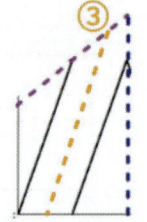

① 세로로 접는다.　　② 상단에서 / 방향 접기.　　③ 두 선이 겹치게 접는다.

9) ㅊ 자르는 법

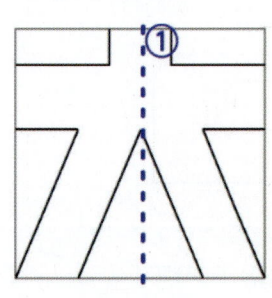 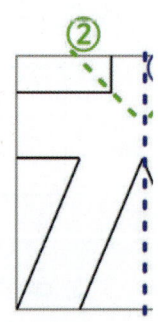 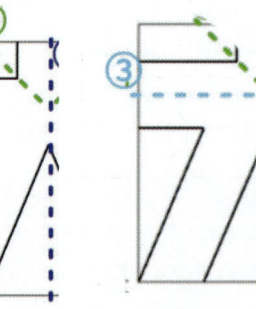 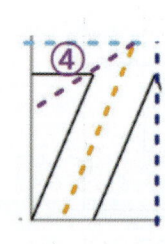 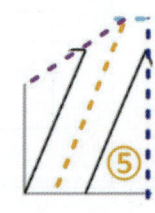

① 세로로 절반을 접는다.　　② 왼쪽 상단 ₩ 접기　　③ 상단 접기　　④ 상단에서 / 방향 접기　　⑤ 마지막 접기

10) ㅋ 자르는 법

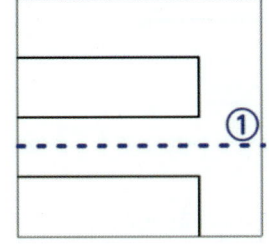 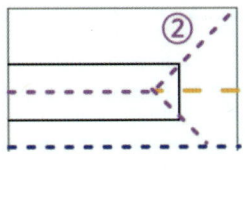

① 가로로 접기   ② ㄷ처럼 접기

11) ㅌ 자르는 법

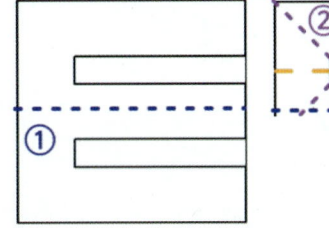

① 가로로 접기   ② ㄷ처럼 접기

12) ㅍ 자르는 법

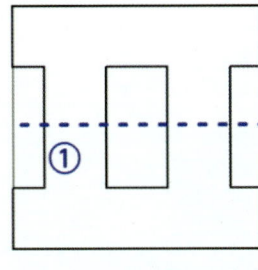 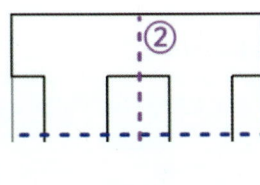 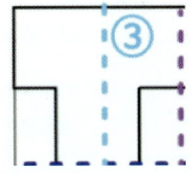 

① 가로로 중선 접기   ② 세로로 중선 접기   ③ 세로로 중선 접기   ④ 각의 이등분선 접기

13) ㅎ 자르는 법

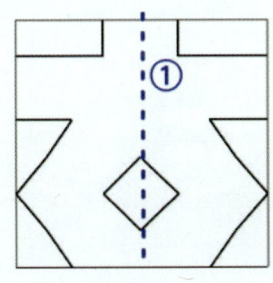 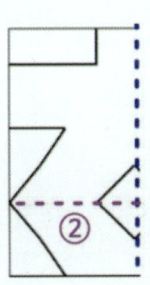 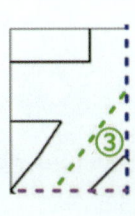

① 세로로 중선 접기   ② 각의 이등분선 (가로) 접기   ③ 각의 이등분선(/) 접기

Ⅲ. 재미난 종이접기 활동   103

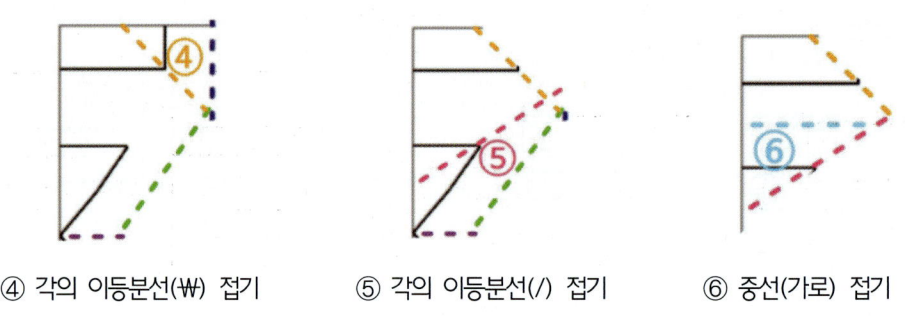

④ 각의 이등분선(₩) 접기   ⑤ 각의 이등분선(/) 접기   ⑥ 중선(가로) 접기

접는 법이 이해가 가셨나요? 아래는 지오지브라 애니메이션으로 구현한 「한 번에 잘라라 ~ 한글 자음 만들기」입니다. 한번 애니메이션으로도 확인해 보세요.

【한 번에 잘라라 지오지브라 애니메이션】

다. 다양한 도형을 한 번에 잘라라

조금 더 나아가서 여러 가지 도형을 잘라내려면 어떻게 접어가야 할까요? 「놀라운 수학나라 대탐험 (아키야마 진)」이라는 책이 있습니다. 여기에는 다양한 수학적 원리를 직접 느낄 수 있는 활동을 소개하고 있는데, 그중 하나가 바로 우리가 지금 살펴보고 있는 「한 번에 잘라라」입니다. 이 책에서는 「접기와 자르기」라는 이름으로 활동을 소개하고 있습니다.

우선 아래와 같은 별이라면 어떻게 잘라낼 수 있을까요? 접는 법은 의외로 간단합니다. 정오각별의 각 변의 각의 이등분선을 접어야 겠죠?

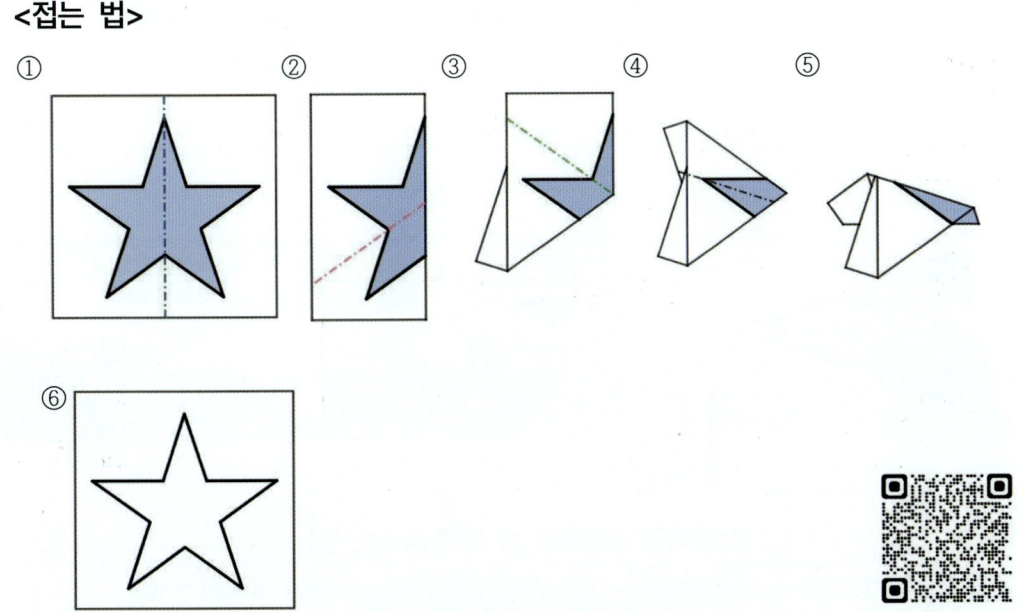

[정오각별을 한 번에 자르는 법]
(https://www.geogebra.org/m/ehcfxufa#material/u6ddhcsz)
출처 : 놀라운 수학나라 대탐험 (아키야마 진)

다 접고 난 뒤 선을 보면 실제로 그 접은 선은 정오각별의 꼭짓점을 지나는 5개의 대칭축이 되는 것을 관찰할 수 있습니다. 하지만 대칭축이라서 선택한 것이 아니라 접어서 겹치도록 하고 있는 **"인접한 선분들의 각의 이등분선"**이어서 접었다는 점이 중요합니다.

일반적인 삼각형이라면 어떤 특징을 가질까요? 세 변을 서로 겹치게 접어야 하니 삼각형의 모든 꼭 짓점에서 각의 이등분선을 접어야 자를 수 있을 것입니다.

<접는 법>

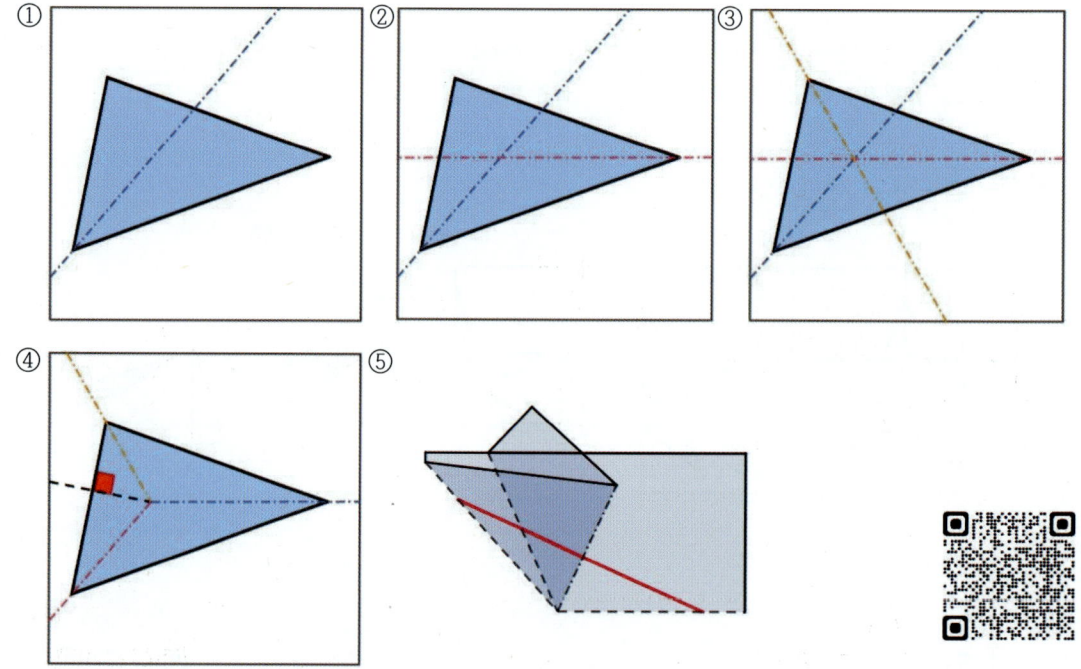

【일반적인 삼각형을 한 번에 자르는 법】
(https://www.geogebra.org/m/ehcfxufa#material/cw2zzmmw)

출처 : 놀라운 수학나라 대탐험 (아키야마 진)

원리가 눈에 익으셨나요? 앞서 한글 자음 만들기를 거쳐서 여기에 도달하셨다면 이제 해볼만할 거라 생각됩니다. 그렇다면 이런 도형들은 어떻게 접어야 할까요? 스스로의 힘으로 해결해보세요.

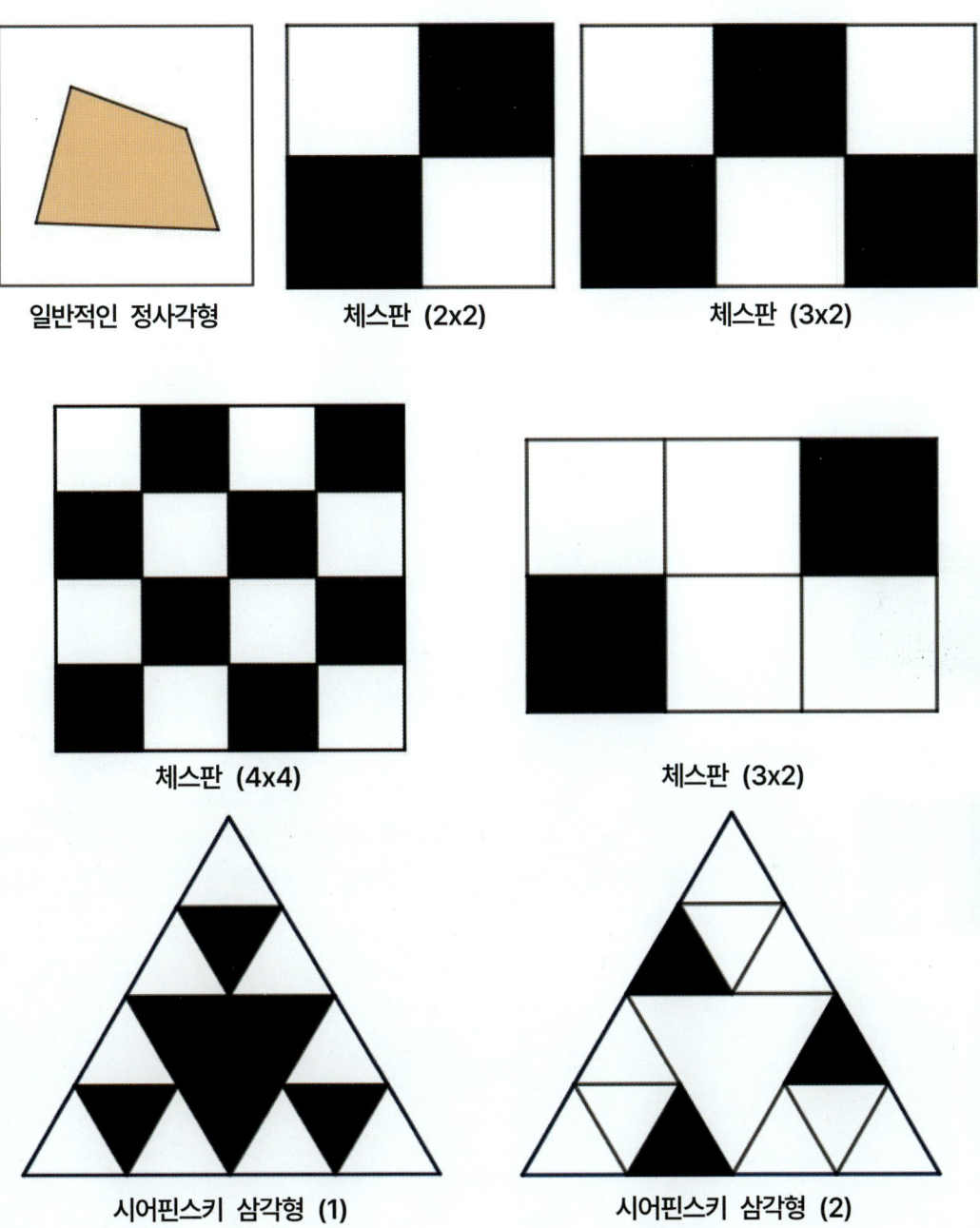

일반적인 정사각형　　체스판 (2x2)　　체스판 (3x2)

체스판 (4x4)　　체스판 (3x2)

시어핀스키 삼각형 (1)　　시어핀스키 삼각형 (2)

출처 : 모든 도형을 한 번의 가위질로 잘라라 (박대원)

Ⅲ. 재미난 종이접기 활동

참고문헌

Ⅰ. 종이접기의 공리

[1] 阿部恒(2003), すごいぞ折り紙, 日本評論社, pp4~9
[2] 모리스 클라인(2016), 수학사상사Ⅰ, 경문사, pp78~81
[3] 하토리 쿄시로, "종이접기의 역사" [Online]. Available: https://origami.ousaan.com/library/historye.html
[4] T. Sundara Row, Geometric Exercises in Paper Folding, Dover Publications, New York, 1966, Reprint of 1905 edition
[5] 芳賀和夫(1999), オリガミクスⅠ, 日本評論社, まえがき
[6] 芳賀和夫(1996), オリガミクスによる数学授業, 明治図書, まえがき
[7] tsujimotter, "折り紙で3次方程式が折れるわけ" [Online]. Available: https://tsujimotter.hatenablog.com/entry/origami-cubic-equation-1

Ⅱ. 학교 수학과 종이접기

[8] 渡部勝(2000), 折る紙の数学~辺の $\frac{1}{7}$, 面積 $\frac{1}{7}$ はどう折るのか, 講談社, pp16~23
[9] 한국경제 2008년 4월 23일자 기사 : A4용지 규격의 유래는…, 최진석기자
[10] Iland Garibi외(2018), The Paper Puzzle Book ~ All You Need is Paper, World Scientific, pp5~6
[11] 고호경 외(2017), 중학교 수학1, 교학사
[12] 주미경 외(2017), 중학교 수학1, 금성출판사
[13] 박교식 외(2017), 중학교 수학1, 두산동아
[14] 황선욱 외(2017), 중학교 수학1, 미래엔
[15] 김원경 외(2017), 중학교 수학1, 비상교육
[16] 김화경 외(2017), 중학교 수학1, 신사고
[17] 장경윤 외(2017), 중학교 수학1, 지학사
[18] 이준열 외(2017), 중학교 수학1, 천재교육
[19] 고호경 외(2018), 중학교 수학2, 교학사
[20] 주미경 외(2018), 중학교 수학2, 금성출판사
[21] 박교식 외(2018), 중학교 수학2, 두산동아
[22] 황선욱 외(2018), 중학교 수학2, 미래엔
[23] 김원경 외(2018), 중학교 수학2, 비상교육
[24] 김화경 외(2018), 중학교 수학2, 신사고
[25] 장경윤 외(2018), 중학교 수학2, 지학사
[26] 이준열 외(2018), 중학교 수학2, 천재교육
[27] 고호경 외(2019), 중학교 수학3, 교학사

[28] 주미경 외(2019), 중학교 수학3, 금성출판사
[29] 박교식 외(2019), 중학교 수학3, 두산동아
[30] 황선욱 외(2019), 중학교 수학3, 미래엔
[31] 김원경 외(2019), 중학교 수학3, 비상교육
[32] 김화경 외(2019), 중학교 수학3, 신사고
[33] 장경윤 외(2019), 중학교 수학3, 지학사
[34] 이준열 외(2019), 중학교 수학3, 천재교육
[35] 홍성복 외(2017), 기하, 지학사

Ⅲ. 재미난 종이접기 활동

[36] Jin Akiyama 외(2012), 놀라운 수학나라 대탐험, 교우사, pp157~169
[37] 芳賀和夫(1999), オリガミクス Ⅰ, 日本評論社, pp4~11
[38] Erik Demaine, "The Fold-and-Cut Problem". [Online], Available:
    http://erikdemaine.org/foldcut/
[39] Torito, "一小刀問題". [Online], Available:
    http://www.torito.jp/puzzles/113.shtml
[40] 오영재(2012), 초등 수학 공부를 위한 수학 종이접기, 종이나라, p74
[41] Cory Poole, "Make 6-Sided Kirigami Snowflakes". [Online], Available:
    https://mathcraft.wonderhowto.com/how-to/make-6-sided-kirigami-snowflakes-0131796/
[42] 박대원(2015), 모든 도형을 한 번의 가위질로 잘라라, 제주수학축전 자료집
[43] 김연희(2020), "한글 자음 자르기 수업 자료 안내". [Online], Available:
    https://band.us/band/57566088/post/11767
[44] Tim Brzezinski, "GoGeometry Action 130!". [Online], Available:
    https://geogebra.org/m/dMNUJHTa